全国少数民族优秀图书出版资金资助项目

（修订本）

中国彝族服饰

THE YI NATIONALITY'S
COSTUMES AND ORNAMENTS OF CHINA

楚雄彝族自治州博物馆馆藏服饰

钟仕民　周文林　主编

云南出版集团公司
云南美术出版社
晨光出版社

策　　划：尹　杰

学术顾问：李朝真　梁　旭

主　　编：钟仕民　周文林

编　　委：尹　杰　　王春艳　王曦云　吴　华
　　　　　张　刘　　沐家荣　金永锋　诸　芳
　　　　　梁　旭

执行主编：彭　晓　方绍忠

撰　　稿：梁　旭　　尹　杰　金永锋　王春艳
　　　　　吴　华

藏品拍摄：张　刘　　王曦云　尹　杰

摄　　影：博　林　　梁　旭　普中华　曹国忠
　　　　　廖国忠　　李贵云　范山云　孙德辉
　　　　　王　英　　王红彬

目录
CONTENTS

序

钟仕民

彝族是中国西南地区人口最多、分布最广的一个民族。它拥有约六百五十七万人口，主要居住在滇、川、黔、桂四省（区）。由于彝族支系繁多，其服饰也异彩纷呈，目不暇接。彝族服饰与彝族的历史、宗教、婚姻、丧葬、农事、节日庆典的关系极为密切，无一不反映着彝族古老而灿烂的历史、丰厚而博大的文化。

一九九九年农历六月二十四日彝族火把节，在楚雄鹿城举办了大型"中国彝族服饰展"，有楚雄州博物馆历时十年收集珍藏的精品服饰一千余套。这些不同支系、不同款式、不同风格的彝族服饰震撼了国内外宾客，人们惊叹彝族服饰种类之多，色彩之美，刺绣之精。专家学者一致认为，全世界没有哪个单一民族的服饰种类能超过彝族，但更为重要的是，这些服饰都来自于彝族山区，都是民间手工制作，其价值在于，它是严格按照民族田野调查的方法和民族文物征集的特定要求完成的。

彝族是一个有着悠久历史的民族。彝族服饰已有数千年的历史，我们从考古发掘和史书上都能找到许多佐证，如一九六三年发掘出土的云南昭通后海子东晋霍氏墓壁画所绘英雄髻、披披毡的形象，今凉山彝族仍沿袭了下来。《后汉书·西南夷传》载"哀牢夷者……种人皆刻画其身，象龙文、衣皆著尾。"《隋书·党项》载："党项羌者……服裘褐，披毡以为上饰。"这些文献所述民族的服饰穿着，至今在彝族服饰中也颇为流行。

当然，彝族的服饰和人类的历史一样，有一个循序渐进、由简单到复杂的过程，如原先的树叶衣、草质衣、兽皮衣、火草衣，到后来的毡制品及麻布衣，再到现在的棉织、丝织、仿毛制品服饰，不仅服饰的布料越来越好，服饰的花样越来越多，服饰的内容越来越丰富，而且服饰的工艺也越来越精湛。据我们调查考证，目前全国彝族服饰不同款式有三百余种，每种款式又因年龄、婚丧、等级的区分而又有多种，所以彝族服饰号称有千种之多也是无可非议的。

现在人们通常根据彝族六大方言区和所居住的地域而将彝族服饰分为：大小凉山、滇西、滇中、滇东南、滇东北、黔西北六大类型是合乎情理的。这六大类型的彝族服饰都各具特色，各有千秋，基本完整地展示出了彝族服饰的多姿多彩。

当然，在彝族服饰中，其文化内涵也极为宽广。夸张一点说，彝族服饰是彝族的缩影和百科全书。我们从近千套馆藏的、原汁原味的彝族服饰中挑选其中部分精品编成此书，让大家对彝族服饰有概貌般的了解，若能达此目的也就足够了。

穿的是神话 绣的是历史
——彝族服饰文化

走进彝乡，忘天忘地，忘不了彝族绚丽多彩的服饰。如果把彝族不同地域的服装汇集到一起，那肯定是世界上的一大奇观。人们很难想象，在白云深处的那些大山峡谷里，竟然聚集着这么多的色彩、这么多富于创意的美。我们曾到过彝族聚居的山区，参加过彝族的赛装节、火把节和插花节……面对节日里五光十色、满目斑斓的服装，常有徜徉于"服装海洋"的感叹。因为那是美的比赛、智慧的展示。

彝族服饰，厚重朴实，艳丽多彩，其款式、制作都保持了数千年的传统和文化。它是山野中的瑰宝，是中华民族文化宝库中的奇葩，神奇美妙，魅力无穷。它有着丰厚和博大的文化意蕴，有着广阔的科学研究和文化产业的开发前景。

一、历史悠久，源远流长

1. 独眼人时代与树叶为衣

服饰是人类文明的标志。彝族是一个具有悠久历史的民族，其服饰的产生和发展亦如其它文明史一样，有着自身的规律和完整的体系。

【独眼人】据彝文古籍记载，彝族远古时期以人的眼睛变化来划分时代。他们的祖先曾经历过独眼人、直眼人、横眼人三个原始社会发展进化的阶段。

独眼人是彝族的第一代祖先，在考古学上相当于旧石器时代。在这个时代，彝族开始了树叶为衣的历史。著名的创世纪史诗《梅葛》在人类起源章中说，当时的"人有一丈二尺长，没有衣裳，没有裤子，拿树叶做衣裳，拿树叶做裤子，这才有了衣裳，这才有了裤子"。另一部彝族史诗《查姆》也生动地记录了彝族这一时期树叶为衣的生动情景："独眼人这代人，猴人分不清；老林做房屋，岩洞常栖身；石头随身带，木棒手中拿；树叶做衣裳，乱草当被盖。"

此外，《阿细的先基》和《阿黑西尼摩》两部史诗中也同样有彝族祖先树叶为衣的记述。值得注意的是，这些史诗出自彝族不同支系和不同地域的彝文古籍，且涵盖了彝族现在分布的所有地区。这就是说，彝族在独眼人时代，树叶为衣的历史事实无可置疑。

【树叶为衣】树叶衣是彝族童年时代服饰文化的重要创造，在彝族社会生活中至关重要。因此彝族人民从古至今保留了这一服饰传统，这在历史方志中记载不少，例如：唐朝时说彝族"无衣服，惟取木皮以蔽形。"又说："夷妇纽叶为衣。"其实"纽叶为衣"又叫"结草为衣"，至今在彝族乡村中还广泛流行着穿蓑衣的习俗。

蓑衣是树叶衣的发展和延伸。蓑衣有好几种：棕叶衣、响草衣、树皮衣等。其制作工艺仍保持原始的传统，不使用任何工具，全凭双手把一片片叶皮撕开、揉顺编结而成。蓑衣穿在身上，犹如一件草制的披风。从反面看，则是十分细密精巧的网状衣，从适用到观赏都无可挑剔。当然蓑衣对彝族来说，如今大多只作雨具使用，但情有独钟，有出门不离身的依依不舍之情。这实际上是对古代"树叶衣"的追念，是一种特殊感情的寄托。有意思的是蓑衣在彝族社会中曾有过特殊的地位和作用，成为尊贵和等级的象征。明代《云南图经志书》载："禄劝州……多罗罗，皆披毡然以莎草编为蓑衣加于毡衫之外，非通事（行政长官）、把把（山官）不敢服也。"所以，蓑衣成为彝族服饰的组成部分，在人类服装文化研究中有着重要价值。正如摩尔根在《古代社会》一书中说的那样："文明人的成就虽然卓越伟大，

都远远不能使人类在野蛮阶段所完成的事业失色。"

2．彝族服饰的演变与发展

独眼人时代与树叶为衣是彝族服饰的起源阶段。彝族服饰的发展变化，目前只能从秦汉以来的考古学和古文献中得到一些线索。具体说来，战国到汉晋时期，彝族服饰有了"魋髻"、"编发"的头型和穿披毡、贯头衣的传统。到唐宋时期，彝族成为云南的统治民族，在保持古老服饰传统的基础上又大量吸收了先进民族的文化和技术，出现"锦衣绣服"，且有等级贵贱的服饰制度。明清时代，彝族服饰再向前发展，形成不同支系和不同地域的服饰格局，这种格局一直发展到清末民初。新中国成立后特别是改革开放以来，彝族服饰无论是在用料上或工艺上都有了一个大的飞跃。

【唐宋时期】 彝族被称为"乌蛮"，其中又分为许多部落族群，有"东爨乌蛮"、"西爨乌蛮"和"北爨乌蛮"之称。其服饰基本沿袭着汉晋时期的传统，但已出现了地区特色和等级差别。

《新唐书·南蛮传》说："乌蛮……土多牛马，无布帛。男子坐髻，女子披发，皆衣牛羊皮。"这是当时彝族民间普遍的衣装情况，但不同地区又有差别。《蛮书》载："邛都、台登中间（今西昌一带）皆乌蛮也。妇人以黑缯为衣，其长曳地。"又云："东有白蛮，其丈夫妇人，以白缯为衣，下不过膝。"这段记载表明，唐宋时期彝族服饰不仅有了地域的差异，而且不同支系的服饰在服色和款式上都有了各自的特色。

《通典》记述云南乌蛮在南诏统一前，"男子以毡皮为帔。女子施布为裙衫，仍披毡皮为帔。头髻有发，一盘而成，形如鬘，男女皆跣足"。南诏统一后，彝族服饰上的贵贱

已显露了出来。《南诏野史》载："黑罗罗……男子挽发贯耳，披毡佩刀。妇人贵者衣套头衣，方领如井字，无襟带，自头罩下，长曳地尺许，披黑羊皮，饰以铃索。"

南诏是以彝族为主体建立起来的地方政权。在这个奴隶制政权统治下，各级官员服饰都有严格的规定："其蛮，其丈夫一切披毡。其余衣服略与汉同，惟头囊特异耳。南诏以红绫，其余向下皆以皂绫绢。其制度取一幅物，近边撮缝为角，刻木如樗蒲头，实角中，总发于脑后为一髻，即取头囊都包裹头髻上结之，然后得头囊。若子弟及四军罗苴以下，则当额络为一髻，不得戴囊角；当顶撮髽髻，并披毡皮。俗皆跣足，虽清平官大军将亦不以为耻……贵绯紫两色。得紫后有大功则得锦。又有超等殊功者，则得全披波罗皮（虎皮）。其次功则胸前背后得披，而阙其背。又以次功，则胸前得披，并缺其背。……妇人一切不施粉黛。贵者以绫锦为裙襦，其上仍披锦方幅为饰。两股辫其发为髻。髻上及耳，多缀珍珠、金贝、瑟瑟、琥珀。贵家仆女亦有裙衫。常披毡及以缯帛韬其髻，亦谓之头囊。"（樊绰《云南志·蛮夷风俗》）

对南诏朝廷服饰的等级制度，不仅史籍记载比较明确，在当时的宫廷画中也表现得非常明显。据学者对《南诏图传》和《张胜温画卷》的研究，画卷中的人物衣饰可分为三个等级：首先是最高统治者——南诏王。头戴一呈圆锥形冠，旁有双翅高翘。官吏无冠，以布缠头。南诏王和官吏皆穿圆领宽袖长袍，有的系有腰带，南诏王的长袍外有一披风，即"披毡"或"波罗皮"。嫔妃也着宽袖长袍，头梳双髻且下垂。南诏王多着靴，官吏和嫔妃有的着鞋，有的赤足。其次是地方官吏的服饰，男头顶梳一髻，穿右衽或圆领宽袖长袍，女子梳肥大的髻，也穿宽袖长袍。男

子皆赤足，有的穿草鞋。再次是其他少数民族服饰。男子额前梳一髻，穿窄袖短衣，长及膝，裹腿赤足。

唐宋时期，彝族本身的纺织业情况尚不清楚。以"土多牛马，无布帛"、"皆衣牛羊皮"的记载看，用布帛锦缎做衣服，只是朝中官吏和比较富有的家庭才有可能。上层社会"男穿袍服，女穿裙衫"的用料都是从其他的民族中购得。南诏贞元十年虽然从四川成都掳来工匠四万余人，其中是否有纺织工匠不得而知。即使有，织出的精良布缎数量也很有限，仅供上层社会之用而已。但刺绣工艺，这时已经十分突出。"蛮王及清平官皆衣锦绣"，并出现了彝族《绣花女》的彝文传说。

总之，彝族服饰唐宋时期有了很大变化，但只局限在上层社会，至于广大民众，基本上保持"椎髻、跣足、披毡"的传统。

【元明清时期】彝族经过南诏统治以后，政治、经济都有了很大发展，从古代半农耕半游猎的生活逐步定居下来，形成"大分散、小聚居"的局面。由于特殊的地理环境和历史原因，出现了不同支系和不同地区的地域文化，反映到服饰上来，就是支系不同，服饰就不同，即使是同一支系也往往因居住地域不同而各有千秋。这在明清以后的文献中反映非常突出。特别是康熙以后，兴起了地方志的修纂活动，省志、州志、县志纷纷修成，其中都不同程度地记载了彝族服饰的地域特色和支系间的差异。

元代，彝族服饰基本上是保持唐宋时期的风格传统，变化不大。李京《云南志略·诸夷风俗》载："罗罗即乌蛮也。男子椎髻，摘去须髯，或髡其发。""妇人披发，衣布衣，贵者锦缘，贱者披羊皮。乘马则并足横坐。室女耳穿大环，剪发齐眉，裙不过膝。男女无贵贱，皆披毡、跣足，

手面经年不洗。"

随着社会经济文化的发展，彝族服饰在明代起了很大的变化。特别是明代中期以后，大量汉族移迁云南，使得彝族服饰注入了不少汉族文化，呈现出千姿百态、各有千秋的局面，这种局面越到后期越明显。景泰《云南图经志书》载，曲靖彝族"男子椎髻披毡，摘去须髯，以白布裹头，或里毡缦，竹笠戴之，名曰：'茨工帽'。见官长贵，脱帽悬于背，以为礼之敬也。胫缠杂毡，经月不解，穿乌皮漆履，代刀背笼"。沾益彝族"妇人蟠头，或披发，衣黑，贵者以锦缘饰，贱者披羊皮，耳大环，胸覆金脉匍"。楚雄彝族"男子髻束高顶，戴高深笠，状如小伞。披毡衫衣，穿袖开袴，腰系细皮，辫长索，或红或黑。妇人方领黑衣，长裙，下缘缕纹，披发跣足"。

时至晚清，人口增加、支系繁衍，彝族已经遍布滇、黔、川、桂大部地区。由于历史、地理条件的不同，彝族社会发展出现了不平衡的现象，到新中国成立前夕，仍保持着封建地主制、领主制、奴隶制三种社会形态。服饰的发展受社会经济、思想文化的影响很大。因此，此间彝族服饰呈现不同支系、不同地域的格局。这种格局在晚清年间的文献资料中均有记载。

武定、楚雄、罗次、景东一带，"罗婺，又称罗武，本武定种，古以名郡。男子髻发高顶，戴笠披毡，衣火草布。其草得于山中，辑而织之……妇女辫发两绺，垂肩上，杂以砗磲璎珞，方领黑衣长裙，跣足"（《云南通志》）。

"摩察，今武定、大理、蒙化三府皆有之。男子束发裹头，耳缀短衣，披毡衫，佩短刀，以木弓药矢射鸟兽为食。妇女皂布裹头，饰以砗磲，短衣长裙，跣足"（《清职贡图》）。

"罗罗，缠头跣足，妇女辫发，用布裹头。不分男女，

《张胜温画卷》局部

昭通东晋霍氏墓壁画

俱披羊皮。嫁女以皮一片，绳一根为背负之具，或用笋壳为帽，衣领以海贝饰之，织麻布，麻线市卖之"（《楚雄府志》）。

寻甸、曲靖一带，"黑罗罗，头戴黑毡笠，遇尊长则去其笠，露顶为礼"。"乾罗罗，束髻于顶，不巾不帽，以骨簪发，耳戴双环，身披短毡，腰束草带，用布裹脚，以细绳缚之，便轻利也"（《寻甸府志》）。

"黑罗罗，男子挽发，以布带束之，耳戴圈坠一只，披毡佩刀，时刻不释。妇人头蒙方尺清布，以红绿珠杂海贝砗磲为饰，下著筒裙，手戴象牙圈，跣足。在彝为贵种，凡土官营长皆其类也。土官服虽华，不脱彝习。土官妇缠头采绘，耳戴金银大圈，服两截杂色锦，绮以青缎为套头衣，曳地尺许，背披黑羊皮，饰以金银铃索，各营长妇皆细衣短毡，青衣套头"（《云南通志》）。

开远、蒙自、弥勒一带，"撒弥罗罗，男挽发如鬏，长衣短裈。妇短衫短裳，滇池上诸州邑皆有之"。"沙罗罗，与黑白诸种迥异，耳圈环，服用梭罗布。妇女衣胸背妆花……后长曳地，衣边弯曲如旗尾，无襟带，上作井口。自头笼罩而下，筒裙细折"。"阿者罗罗，衣服大略与黑罗同，婚丧如白罗，但耳环独大"。"仆喇，蓬首跣足，衣不浣濯，卧以牛皮，覆用羊革毡衫。在王弄山者，一名马喇，首插鸡羽，男子服红经白绒衣"。"拇鸡，蓬首椎髻，标以鸡羽，挽髻如角向前，衣文绣，短不过腹，项垂璎珞饰其胸"。"黑罗罗挽髻插骨簪耳，著环，出则包黑帕，佩刀披毡衫。妇人首戴长布一条，绕头三匝，余者垂后穿。布袍，前及膝，后拖，地无开襟，服之自首笼下，不穿裙。男女具赤足"（《弥勒州志》）。

宣威，文山，东川，罗平一带，"黑乾夷，宣威有之。男椎髻，缠麻布，耳戴大铜圈垂至肩，穿麻布短衣，跣足。

女衣套头衣，毛褐细带，编如筛盘，罩于首，饰以海贝、砗磲等物，衣领亦然，褶裙亦用毛褐"。"男子椎发，摘去髭须，左右佩双刀。妇女披发衣阜，贵者饰锦绣，贱者披羊皮，女耳穿大环，剪以齐眉，裙不掩膝"（《云南通志》）。

"黑罗罗，男椎髻，头缠皂布，左耳戴金环，衣短衣，大领袖，着细腰带。女辫发盘于头，皂布缠头，垂两端于后"（《宣威州志》）。

"普剽，俗以喇乌小异，不剃头。男着青白长领短衣，不分寒暑，身披布被……女衣筒裙，遍身挂红绿珠"。"喇侯，男子宽博大袖，重髻于脑后。女人以五色毛线为衣，上作井口，自头罩而下"。"普岔，男女皆着青白长领短衣，披幅布，缘边如火焰。女衣长绣花筒裙。男子挽髻，衣不至膝。女人五色花衣，不联中缝，拖地寸许"。"猛乌，男服蓝衣，腰不系带；女人短衣青裙，头裹青布，若方巾，饰银泡于顶"。"腊鬼，与仆喇相似。男服蓝布大袖衫，有领。女服红布大袖衫，开一窝，以头套而服之"。"山车，男子衣间以红白线织之；女人盘头似方巾，短衣白裙"。"阿倮，男衣白麻布，妇人蓬头跣足，不加修饰"（《开化府志》）。

"其酋长椎髻帕首，大若盘盂，戴狐皮。妇人衣绮罗。其余男子椎髻帕首，耳坠大金珰，青布短衣，剪各色布，缀毛褐为筒裙……肩披毡一片"。"乾人，男子椎发帕首。妇人青布帕首，同服粗麻布衣，其自织也"。"披沙夷，首挽发髻，插铜簪，头不包头，衣用毡裁裹，直统半身"（《东川府志》）。

"黑罗罗，男子挽发，以布束之，披毡佩刀；妇人蒙头，青布束于额上，披衣如袈裟，筒裙、手牙圈，跣足"。"鲁尾罗罗，男衣两截衣，缠大头，跣足佩刀。妇人头戴箍，手牙圈，筒裙长衣"。"白罗罗，多衣褐。妇人披衣亦如袈

清《金筑百苗图》所绘彝族

清《云南种人图说》所绘彝族

裟，戴数珠，跣足"（《罗平州乡土志》）。

【民国时期】 民国年间，多修县志，彝族服饰记载更为详细。其中有代表性的如：

《马关县志》："花罗罗，罗妇服长及膝，跣足着裤，服色青蓝，以布裹发而盘于头，甚朴素也。罗男反是领襟、袖口、裤脚俱绣二三寸之花边，袖大尺余而长仅及腕，裤管亦大尺余。前发复额及眉，后挽髻而簪，顶花帕，全似女妆。此已可异最怪者，其衣裤上身即不易换濯。换衣时典礼最重，必请巫师禳鬼神，宰牲牢，以宴宾客，此种广南居多。""花仆喇，服色用青蓝，领缘袖口衣边以红绿杂色镶之。头帕上横，勒杂色珠一串，珥坠形如陀罗，以海巴（海贝）为美饰，尤多佩戴之。""牛尾巴仆喇，妇人以毛绳杂于发而束之，粗如几臂，盘曲成园，以绳维索，平戴于头上，径大尺余。""㑩鸡仆喇，服色青蓝并用，妇女妆式仿佛白罗罗。"

《丘北县志》：将不同支系的彝族服饰记述得清清楚楚："阿兀，即鲁兀，冠服同汉族，惟妇女戴荷叶箍莺嘴勒。""黑夷，男子冠服同于汉族，惟女子头顶袈裟，遇尊长则障其面。""撒泥，冠服尚青蓝，披黑白羊皮，女多用红绿色。以麻网束发，外用布箍连发辫挽之，若蟠蛇状。""葛罗，穿麻衣，披羊皮毡衫。未婚者均蓄发，以细麻辫裹之，左右呈两珥状，饰以海贝。衣则以羊毛线，茜染五彩，织锦为章。莫分男女，惟女不穿裤，以麻布四幅为裙，膝下扎麻布一尺。男子有妻后，岳家始为薙发，易以蓝布包巾。女子嫁后收发上箍，曰'大头'，饰以璎珞。""白夷，男皆短衣，女以青布包头，坠以璎珞，而系围腰，宽口裤脚"。

"白夷，男皆短衣，腰下用花布一方作帏裳。女无论少长，以海贝笼头，和马羁勒状，上衣前短及膝，后长及

踵，前方腰下仍四花布一方围之，长与胫齐，若四块瓦"。

《中甸县志稿》："罗罗族衣服多用大布，次毛巾，次麻布。男子皆短衣系带，挎刀盘发于胸前，如独角然，故谓之老盘，亦称独角牛。近多薙发，冬夏皆喜披毡，夏则赤足，冬则屡能踩羊毛为毡袜、毡帽、以御寒。妇女皆系百褶大布或麻布，毛巾长裙，跣足，以青布褶为八角首蓬而顶之"。

二、服型众多，异彩纷呈

彝族是服饰文化积存最为厚重的民族，仅按区域其服装款式就能分为：大小凉山、滇西、滇中、滇东南、滇东北、黔西北六大类型。每一类型中又都不下几十种款式。每一种款式又都有它独具的特色和特殊的穿戴艺术。

1. 不同区域的不同服饰类型

【大小凉山】 包括四川省西昌地区，云南省的宁蒗、永胜、华坪、永仁、元谋一带。历史上把西昌、宁蒗、永胜一带称为大凉山；华坪、永仁、元谋一带称为小凉山。这一地区服饰总的特点是厚重、朴素、保温、耐用、崇尚黑色。文化渊源非常古老。

男子头缠四丈多长的青布包头，头顶留一块方形的头发，将其编成一个小辫，再用头帕竖立包着，俗称"天菩萨"，亦称"指天刺"。视其为天神的代表，神圣不可侵犯。上身外罩羊皮披毡，内穿右衽青色土布或麻布短衣，下穿长裤。披毡似汉族的"外套"，但无领无袖，好像一口钟。彝语称"擦尔瓦"。长裤的裤脚分大、中、小三种。大裤脚无腰，宽二尺，乍看像一条裙子，讲究者脚边镶有三寸异色布一条，形似花边，对边缘不缝合。穿此裤平时两侧

垂地如百褶裙，跑跳时将两个裤脚向上挽起，并将多余的布压在裤带上。

妇女不分等级，也不分老幼，穿可拖地的百褶裙。裙子分上、中、下三节，未婚女子着红、黑、白三色；已婚女子着黑、红、白三色。裙子曳地愈长愈好，裙褶越多越贵。妇女上装一般是对襟大袖的短衣。袖口通常镶有三四节各色布边。衣领较高，领口配有银质或金质领花。每到寒冬季节，便在外面披一件黑色单层或双层披毡，还喜欢在裙上垂挂烟袋、口弦、玉牌，行转时叮当有声。烟袋用红、黑、黄三色布做成，形状似三角形，有简单刺绣，下垂飘带，多数用以装放钱物。烟袋既可盛物，又是颇具特色的装饰。

值得注意的是，小凉山的彝族男女，都要举行成人礼的服饰仪式。女子到十七岁举行穿大裙子的仪式。仪式由村中年长而又子女多的女性，用一种红黑色羊毛织成的裙子绕姑娘头部或下身大腿部三圈，以示祝福，然后脱下短裙穿上大裙子。这种裙子要织七道线。仪式还必须在羊圈的羊粪堆旁举行，因为羊粪肥地，姑娘在此地改穿大裙，能多生育子女。姑娘举行穿裙仪式后，便可与男性过性生活，生儿育女。

而男孩举行穿裤仪式则是在七至九岁，裤子由母亲代穿，地点在火塘边。穿前要在火塘边烧一块石头，将烧热的石头拿出洒上一瓢凉水，石头立即散发出蒸气，这时将裤子在热气上转一转。然后给男孩穿上，并念祈祷语，仪式完成。

【滇西】以巍山为中心，包括大理、保山、临沧等地的彝族。这一地区因受白族文化的影响较大，历史上又是南诏国发祥地，所以服饰色彩比较丰富，款式变化很多，制作工艺也比较精细，而且有较多的银制品和刺绣纹样装饰。

虽然支系与支系之间存在着差别，但以整体上说，风格趋于一致。其中，以巍山多雨村和麻秸房两个村独具风格。

年轻姑娘通常头戴银鼓帽，坠银耳环，身穿蓝领襟，腰系花围腰，下着缘彩裤，脚踩绣花鞋，背挂圆裹背。全套装饰花团锦簇，似开屏的孔雀，令人眼花缭乱，美不胜收。

妇女结了婚就不戴帽子，改为结发髻，裹包头。发髻一般呈宝塔形，外裹黑纱或黑布头巾。发髻上戴"别子"。"别子"用银做成，分为四串，每串有个灯笼绣球、两个响铃和两条小鱼。包头巾外，再饰银串珠、亮珠、银制或珐琅制的"荞角吊"数串。耳戴银制大耳环，多镶嵌红绿宝石。上衣为右衽大襟，前短后长，领、袖及襟边镶以层次不同的金银丝瓣或宽窄不同的自绣花边。外罩齐腰的短领褂。领褂用红布做成，领口上安着七个"披巴"（彝语）。"披巴"上用银鼓钉凑成五个叶子，组成葵花形，有的还用五块装饰。领褂的四边，皆用银鼓钉镶嵌，共四排，每排三十六颗。一件领褂，要用两百多颗鼓钉，加之胸前佩戴银或珐琅制的"三须"针筒。菱角吊、串珠和鸡心形绣花荷包（也称"针线包"）等。真是银装玉裹、辉煌艳丽。

妇女在腰间前方系围腰布一块。布上镶滚多层金银丝瓣或自绣图案之花边。其图案有柿子花、牡丹花、太阳花、狗牙花及凤串牡丹、丹凤朝阳、几何纹样等。围腰上系有飘带两根。

无论未婚或已婚妇女，背上都有一个圆形绣花"裹背"。"裹背"用羊毛擀制而成，直径约尺余，内外两层，中可承物，上绣两对太阳花，一大一小，对称排列。"裹背"除用作装饰外，还以保护后腰，既有欣赏价值，又有实用价值，是彝族服饰中最为典型的一件饰物。

与妇女的服饰相比，男子的服饰则要简单很多。男子

大都穿对襟无领的蓝布衣、宽大的黑布裤。但每人一至二件上好的羊皮领褂是必不可少的。羊皮领褂非常讲究皮色的好坏，做工也与一般的不同。它的腰边两侧，各安着两面精制的小镜子，镜子两边系着若干条皮子做成的飘带，显得潇洒大方。

【滇中】以昆明为中心，包括楚雄、玉溪等地区。其中以石林彝族的"撒尼"和"阿细"两个支系的服饰为代表。其特点是：明快大方，工艺简洁，色彩对比强烈，虽有挑花刺绣，也只作特殊部位的装饰。

"撒尼"服饰就其特点而言集中表现在妇女的包头上。中老年的包头只用红、黑二色；青年妇女则用多色。包头的边缘镶嵌金属或玻璃小珠。包头的围边左右夹拴两个绣花三角硬布片，又叫蝴蝶块，脑后垂吊一束细珠串。这种多色包头传说是仿照彩虹制作的，是为了追忆古代一撒尼姑娘殉夫后化为了一道彩虹，故而戴在头上的。所以，"撒尼"姑娘自幼就学习刺绣包头，长大后视为忠贞爱情的象征。

"撒尼"妇女，披发垂后，外套光彩夺目的包头；身穿过膝的白色或浅蓝色大襟衣；腰系花边围腰；后背黑色披衣或绵羊披衣；下身着黑色或青色长裤；脚穿高夹绣花鞋。无论青年或中老年衣裤都很宽大。其包头、围腰、披衣、童背、挎包都有特殊的制作工艺，反映出这一区域彝族服饰鲜明的特点。

【滇东南】滇东南主要是指红河、文山，也包括思茅、西双版纳、广西一带的彝族。其服饰特点是种类众多，色彩艳丽，挑花刺绣和银泡镶嵌是服饰的主体工艺，极为精细美观。妇女往往通身绣花，甚至男子的服饰也要"烙通一个洞，绣上一朵花"。所以这里有"花腰彝、花屁股彝"

之称。

"花腰彝"集中居住在石屏和巍山两地。其服饰可以说是这一地区的佼佼者。妇女服饰无论帽子和衣裳，都由多块布料拼缝而成，精工绣有许多图案花饰。具体说来，妇女头饰由三块布料拼成长方形的主体，配有两条带子，戴时临时折叠成帽状，用带束紧，带子缨须下垂耳旁，耳戴大环。前额和脑后高翘的主体布块上均绣精美图案。布块外层均用红色，内层则用绿色或蓝色。缨须由串珠或绿色线制成，顶端均为红色丝线坠。衣服分长衣和短褂，另有兜肚、腰带、围腰及飘带等附件。穿时先将兜肚挂于腹部，然后穿上长衣，再将前面两条长衣襟折叠，用腰带束紧，后部则任其垂下，最后罩上花饰多样的短褂，系上配有腰带的围腰即成。裤为扭裆裤，裤脚用异色布料镶宽边。脚穿圆口布鞋。

花腰彝男子，穿对襟衣，衣扣多用银币做成，密密麻麻地排列于衣襟两边。一般留发科头，穿绣花布凉鞋。

【滇东北】滇东北主要指昭通、曲靖一带。其特点是长衣长裤、大包头，不重刺绣，仅只在衣襟袖口和后摆处用色线或色布条作装饰。如，镇雄"纳苏"支系的彝族妇女，就具有这些特点。

寻甸彝族服饰，更承袭了古老的传统。妇女穿的是四幅齐长的"贯头衣"。未婚女子穿白布筒裙，已婚者穿青布或灰布花白褶裙。头箍用毛呢或布条裹成直径二公分左右的布条，围成大小两个圆圈，固定在一起，再裹上一层红色毛巾，边缘垂下三五公分长的细丝飘带。老人戴铜或银的大耳环，青年戴瓜子形或椭圆形的银链耳坠。

男子穿四幅齐长的对襟宽袖衣杉，系花腰带，腰带围三匝，前方留下齐脚掌的飘带，套上毛呢领褂，头戴青布

套头。留一耳尾在外。青布绑腿，脚穿细耳麻草鞋。四幅齐长的宽衣裤，打褶系腰带。手戴银或铜的手镯。

妇女留长发，挽于头顶，先用白色包头将头发裹于内，再用黑布或黑绸打绕成大包头。未出嫁的姑娘额前蓄有刘海，本地俗称"烟须头"；出嫁时绞面拔去细毛，额面光洁，不留刘海。耳环用铜或银制成，直径五公分，也有用古币铜钱作为装饰物的。上穿镶花边的斜襟大长衫，颜色分黑、白、蓝几种。领襟、袖口、裤脚以各色丝线或花边用挑花和刺绣镶成绚丽的彩色图案，最典型的是在长衫的前后摆上，用彩色布料或绸子织成"五朵云"图案绣在衣服上，每一朵云恰似一个变形的虎头。长衫外于腰部扎一根白色腰带，再系上镶图案的长方形围腰。下装穿普通长裤，颜色不限，但以黑色居多。脚穿小圆口布鞋，后帮及鞋中央绣有别致的花纹图案。

男子蓄发挽于头顶，或在额前留一小撮头发，其余剃光，再缠上黑色大包头。身穿净色的大襟衣衫，有黑、白、蓝、青等色，有的领口上绣上极窄的花边。下身多穿宽脚裤，扎黑色或白色腰带，结成三道扣形。脚穿尖口的蓝色或黑色布鞋。

【黔西北】 贵州彝族主要居住在安顺、毕节、赫章地区。其服饰男子皆缠青色、白色或黑色的头帕，穿大襟右衽长衫或对襟短衣，下着宽裤管灯笼裤，俗称"八幅裤子"，系腰带，出门披羊毛披毡。

妇女服饰则不尽相同，以威宁马街的彝族服饰为代表，上着右衽衣，领口、肩部、前襟、胸部、袖口均镶花边；下身系青、蓝和乳白色相间的中长裙，扎白布腰带，头饰美观而复杂，先将一条上有白色小扣的三角形窄布，在前额上方整齐地缠绕几圈，再用一条宽二寸左右的长布层层

缠头，使其呈盘状，外加一条印花布条，再以四条绣花红色飘带，分别以两耳处向上呈"人"字形包过前额，燹后别在头部的盘状头帕上。头饰显得古朴俊俏。与威宁毗邻的毕节县彝族妇女，头包青丝帕，穿青、蓝色花长衫。长衫前襟和后摆上挑绣图案花纹，延伸至腰部岔口，形如鲜花中亭立的四根柱子，大方美观，故称为"吊四柱"长衫。腰系蓝、白长布带和围腰，前襟拉回折成三角形系在腰带上。下穿长裤，多为素色。

此外，水城、赫章一带有传统的嫁衣——方袍，前短后长，上开一孔为领，穿时自上笼下，罩于其他衣服之上。制作方法是将各色丝绸裁成方形，上面绣花、鸟、虫、鱼，将其连缀成袍。实际上这也是贯头衣的一种。

2.风情万种的头饰造型

彝族头饰，亦如其服饰一样，类型众多，无奇不有。造型奇特的头巾头帕、艳丽多姿的各种帽子、引人入胜的发型和各种佩饰千姿百态，风情万种。它们是人类服饰文化中一道靓丽的景观。

【包巾缠帕】 所谓包巾，是指将一块布包在头上，所以又叫包头巾。头巾大多有精美图案装饰，也有单色素雅的。如，凉山彝族男子头饰"天菩萨"古朴素雅，而石屏"花腰彝"的头巾则是风采独具，精美至极。它用四五块不同颜色的布料拼接在一块长方形的蓝色或白色的底布上，四角缀以银泡，在银泡之间的空隙处以红、黄、白等毛线结成流苏状垂穗。头巾的横沿上，绣有三组各为单元的挑花图案。头巾的上段和中间用各种色线和布条组成色阶均匀的直幅图案，和左右两边刺绣对称，或花卉，或飞鸟，色彩鲜艳，对比强烈，与满身刺绣，艳丽多姿的长衫、托肩、领褂、腰带、兜肚等组合在一起，有效地展示出"花腰彝"

头巾的美丽。

彝族头饰，无论包还是缠，形状极多，千差万别。头帕以包得越宽越大为美，且以银泡、彩穗越多越华贵。如，楚雄、牟定一带的妇女，用数米长的黑布缠头，呈盘状，四周饰银花、银须或彩色绒球。大姚、姚安的妇女戴头帕，帕面绣满艳丽的图案，四周装饰若干银链，串珠或彩穗。节庆集会时，绣花头巾万紫千红，争芳斗艳。屏边一带的妇女，头置弓形发架，架上覆帕，再缠上绣花带及缀饰串珠、海贝等。弥勒地区的妇女的泡头箍上还加头帕、飘带、银链、串珠、缨穗、颜子等，可谓质朴又夸张，令人眼花缭乱。

【戴帽有讲究】帽子是彝族头饰中又一道靓丽的风景线。仅以巍山"腊鲁"支系小孩的帽子，就有鱼尾帽、小瓢帽、银鼓帽、花帽、搭耳帽等几十种，名目繁多，式样各异。但无论哪种帽子都绣有花草、树叶、龙凤之类的图案，镶着闪亮的银首饰，十分逗人喜欢。

银鼓帽是姑娘心爱之物，其制作工艺极为精巧。它绣有二十四朵小花，镶有九十六颗银鼓钉，帽前有许多小铃串，正对前额处有绿宝石一颗，有的两侧还有若干串珠，一直垂到胸肩。少女们的"瓢帽"用黑布做成。帽顶插花一束，帽后钉银制或珐琅制或麦秆草染色编制的"菱角吊"数串，垂于头后。"瓢帽"形如金鱼。鱼头鱼身为帽。鱼尾岔开为护额，故又称鱼尾帽。

姑娘结婚后就不戴帽子，改为戴"抹额"（彝语）。"抹额"是用黑丝绸或布制成的包头帕，长四尺五寸，宽一尺，上钉有银制的高型鼓钉，鼓钉上镶嵌红色宝石，一般有两层花饰，称为"帽花"。"帽花"高约一寸，制作非常精美。妇女们在戴"抹额"前，将头发编为辫，挽于头顶呈宝塔形高髻。高髻顶端露于"抹额"之外，插上"别子"作装饰。"别

子"用银制成，尾部垂吊着四串绣珠，每串绣珠上有两个灯笼、两个响铃和小鱼。有的妇女还在"抹额"的最外层缀银串珠、亮片，或银制的"荞角吊"数串，使得整个头饰晶莹耀眼，琳琅满目。

彝族头饰中，已婚和未婚的女子，无论是辫发挽髻，或是巾帕的缠裹造型，还是帽子的制作与戴法，不同地区、不同支系都有着明确的规定。如凉山地区女子已婚者梳双辫盘于头上，戴荷叶帽，未婚女子则梳三辫，一辫吊于脑后，两辫垂于耳旁，头上包一块方形黑布，外缠红、蓝色线。生育后的妇女缠帕。头饰还随年龄的增长而变化，一至七岁头戴长尾巴帽，钉白羽毛为饰，帽顶及两耳刺绣精美图案花纹。八至十六岁，戴"露发帽"。十七至二十岁，戴镶满银泡的"凉盘帽"。这是未婚女子的重要标志，一旦已婚便失去戴"凉盘帽"的权利，仅可戴无顶的帽箍，再缠盖一深色纱布。

【头饰显身份】不同社会地位、不同身份，在彝族头饰中也有标识。凉山男子盘髻，将头巾挽成海螺状，盘于额上，高向前方者，为头人的头饰；头巾缠绕成螺状，立于额上，但髻尖下垂者，是毕摩发式。用细竹裹在头巾中，将巾缠成细如指粗、长约20厘米的发髻，斜插于额前，叫"英雄髻"，是武士的头饰；管家女子，所戴的方巾的后上方高悬一方青布，延至肩后，表示其执掌家政大权。

彝族头饰丰厚的文化意蕴，还表现在对图腾和神灵的崇拜上。虎头帽、鸡冠帽、鹦鹉帽、鱼尾帽、凤凰帽、狗头帽、火把帽……无一不是远古图腾崇拜的体现，也记载着许多神奇美丽的传说。

彝族头饰，除包巾缠帕外，还有多种多样的发型和装饰物，如耳坠、耳环、项圈、吊串、羽毛、兽骨兽牙等。

纵观彝族头饰，类型之多，难以尽述，装饰手法和用料的特殊，不可言尽。实际上，彝族头饰是彝族服饰文化中最有生气、最有亮点的部分。

三、古朴凝重 意蕴丰厚

历史总是在构造今昔的关系。梳理彝族服饰的历史，不外乎就是要从今天仍活着的彝族服饰中去发现其隐含的文化意义。因为，服饰负载着一个民族蕴藏最深且久远的文化特质，从遮羞板到文身，从椎髻、披毡到百褶裙，无不闪耀着民族服饰在时间的迁流变化中所表现出来的人类智慧。服饰既是一个民族日常生活中最为活跃的物质载体，又是一个民族生活习俗、区域风貌、审美情趣、宗教观念的精神呈现。

1．"天菩萨"与千古一衣

一九六三年，云南昭通后海子乡发掘出土的东晋霍承嗣墓壁画，壁画中"部曲"形象共分三排，其中有身披花纹图案披毡的，也有披净面披毡的，均科头有发，发梳理成锥形竖立，似今天彝族男子头上的"英雄髻"。壁画中"夷"部曲的形象，其基本特征是椎髻、披毡和赤足。时光已越一千六百多年，在凉山、乌蒙山彝族地区，其着装打扮仍然远承汉晋先祖的流风遗韵，彝族男女皆身着披毡。

【天菩萨】天菩萨，又称"指天刺"或"英雄髻"，是彝族男子最为古老的头饰。它用帕将头顶留下的一小绺长发竖立包起，再用黑线和红线把包起的头发捆扎成拇指头粗细的锥形伸向头顶右前方，它是彝族男子尊严的象征，也是悍勇的显示，因此，神圣不可侵犯。在过去，曾被视为天神的代表，是男性灵魂居住的地方。彝族视天菩萨能

主宰一切吉凶祸福，若遇他人戏弄或不慎触碰，就以为遭到凶险必与之搏斗。可见"天菩萨"这一特殊头饰在彝族社会中的重要性。

椎髻，是彝族的传统发式。髻式分为三种：一为臣髻，是用头巾挽一粗短海螺髻，盘于额上，髻尖向前方，是头人的标志；二为毕髻，也是用头巾缠绕呈螺状，立于额上，髻尖却向下垂，是毕摩的髻式；三为扎夸髻，是用细竹棍裹在头巾中，缠绕成细如指粗、有60厘米长的髻，斜插额前，是为英雄髻式。在彝族髻式中，不同的形态就代表着不同的人的身份和地位，它是一个已经消失了的旧时代等级制度的产物。总之，天菩萨是彝族头饰中的一个重要组成部分，今天，它除了审美价值外，仍然包含有十分丰富而复杂的文化意蕴了。

【千古一衣】东晋霍承嗣墓壁画上的披毡，或许是远古的记忆了。服装本来追求的就是一种时尚，求新求异，变化之快，令人眼花缭乱。百年西洋装，绚烂成华服，更何况区区一斗衣。但值得庆幸的是，这一墓壁上的披毡，却奇迹般地存活了下来，并在大凉山、乌蒙山的广大地区得以沿袭穿戴。

披毡，彝语称"擦尔瓦"，似汉族的"外套"，但无领无袖，好像一口钟。彝族披毡，源远流长，始见于青铜时代，鼎盛于南诏大理国时期。究竟彝族披毡起于何时，已实难考证，但从有关史料推测，至少在战国时期已经有了高质量的产品。晋宁石寨山古墓群——"滇王家族"墓地出土的铜俑，有的身着麻装，有的身着披毡。毡上装饰着孔雀、狼噬鹿、蛇噬兽等动物纹样，显得十分华美。可见，在公元前4世纪至公元前1世纪的"滇国"时期，云南的纺纱

品除了麻布，还有精美的毛制加工品披毡。就披毡的称谓，各个时代略有不同，东汉称"罽氍"，晋代称"罽旄"，宋人称"毡罽"，到了唐宋两代的南诏大理国时期，史志对披毡已有了生动翔实的记载。

披毡是用羊毛经过湿润、加热等工艺处理，再反复碾压，使其粘缩而成，质地坚实，是彝族的手工绝技。其外形特征：将擀制好的毛毡穿上毛绳，收紧系于双肩，形似斗篷，上部有褶皱，下部自然下垂至小腿，颜色有原毛白色，大多染成黑色、青色、麻灰色和深蓝色。披毡既可以防潮御寒，又可以铺地坐卧，夜间以其为被盖，白天用以为衣服。不管干天水地，家居野宿，都可缩头藏身于其中，裹之而睡。雨天还可以用其避雨，晴天又可避日，故彝族男女老少视之为"宝贝"，终年不离身。

披毡较彝族服饰中的贯头衣、交领衣更存有原始的韵味，但它美观而实用，合体而精致，披在身上，肩部、背部、臂膀，甚至胸部都能罩住。至今，在凉山的布拖、美姑、金阳、昭觉等地皆能见到成群成队的身披"擦尔瓦"的彝族男女，特别是逢赶集天，笑逐颜开的彝族男女老少，披着青、白、蓝三种颜色的披毡，为清新凉爽的高原集市，平添了一道靓丽的风景。披毡，真可谓"千古一衣"。

【文身】文身，是西南部分少数民族的装饰习俗。滇西北贡山的独龙族，至今还能见到一些文过面的中老年妇女，尽管缘由很多，但祈求福祉、避免灾祸是共通的。彝族文身，男女皆有，年龄无定，但女子为多，一般文于腕部和双臂。文身的时间也很讲究，多选择在春节，据说便于结痂。彝族文身的墨点较大，墨针过粗，纵横排列，形似龙鳞。彝族女孩尤其喜欢在两只手背和手肘上刺"梅花针"，表示吉祥，彝语称"马扎"。刺法是先用一绳索将臂扎紧，肢体麻木后用黑炭、锅烟和蒿叶汁抹在刺面，然后用五六枚针扎成一束，将皮肤戳破，使之血流肉绽，色液浸入，日后待黑疤脱落便成青黑色斑纹。"马扎"是彝族妇女区别于其他民族妇女的主要标志，她们认为小时如不刺"马扎"，死后不能见菩萨。

彝族文身，实际上是彝族一种古老的身体装饰传统，与龙图腾崇拜有关，也有人认为是一种葬俗的遗风。彝族多生活在高寒山区，水源短缺，传说只有文过身的人，死后上天才有水喝。彝族有火葬风俗，或许他们是出于主观想象，人火化后其灵魂身上缺水，一定会口干舌燥，得饮水止渴。当然，文身作为一种徽记，与图腾文身已有所区别，不再是氏族的标识，而缩小到仅仅是家庭成员的符号。文身者认为，人死后可凭墨纹针点，在阴间或天上找到自己的亲人。

【露与隐】服饰是用来美化人体的，没有人体，就无服饰可言。彝族服饰也同样着眼于美化自身、美化人体。不过，彝族服饰在其审美上，既与西方文化传统相去甚远，也与文化发展较高的汉民族不同。这或许是它的民族性格和更深层次的文化内涵所决定的。

彝族长期居住在崇山峻岭之中，恶劣的自然环境和艰苦创业的精神，使彝族养成了含蓄而深沉的性格，大自然的绮丽风光，又形成了他们自己的独特审美观。

彝族服饰，在裁剪缝制时，虽然也有"量体裁衣，看头制帽"的原则，但着眼点不是突出人体曲线，而是在人体特殊部位作特殊的装饰。这与西方服饰的表现手法截然不同。西方服饰意在表现人的体形美，着眼于"露"，而彝族服饰意在遮盖它，着眼于"隐"。但彝族服饰从人体美学的角度看，有更深一层的意味。它在"隐"的后面巧

妙地安排了"露"，这在彝族妇女的服装上表现尤为突出。如，彝族妇女不管已婚还是未婚，都特别注重胸、腰、臀部的装饰。装饰手法有刺绣精美的图案，有用亮片或银泡镶成的图案花纹，还有多种多样的银质、竹质和骨质制成的垂挂物。这些装饰实际上都是彝族最精致的手工艺品。妇女穿戴这样的服饰只要从你身边走过，那叮当作响的银泡挂链，那闪闪发光的图案花纹，使你的视线无法转移。她们一方面把人体最美的地方掩盖起来，另一方面又尽量用装饰的手法表现它，把特殊部位的美隐藏于更深之处，从而诱发人的更大激情，与西方服饰的艺术表现手法相比，有异曲同工的效果，但又具有更深刻、更含蓄的美。这就是彝族服饰引人注目的地方，也是彝族人民的审美风格。

2. 虎图腾与尚黑遗风

彝族古称罗罗，意为虎族。明代《虎荟》有"云南蛮人，呼虎为罗罗，老则化为虎"。彝族的原始图腾是虎，且为黑虎，即黑额虎。彝族崇敬黑额虎，有尚黑遗风。在广袤的彝族地区，至今留存很多虎图腾崇拜遗迹，社会生活中也多用虎饰。

【虎崇拜】 唐樊绰《蛮书》："异牟寻披波罗皮。"波罗，南诏语意为虎皮。南诏王异牟寻亦披虎皮，既表现了他承继祖先狩猎遗俗，也足见虎皮礼服之尊贵。彝族首领、巫师好以虎皮为饰，彝族小孩要戴虎头帽子、虎头兜肚。孩子出世，老人要用锅烟灰在其头上画"十"字，为"王"字缩写，意"虎王"。彝族妇女系虎头围腰，后改穿长裤，两膝也要绣对称的四方八虎图；男子上衣襟边绣有虎、豹、鹰、龙四个彝文，这四种动物恰巧是彝族的动物崇拜图腾，老人则又穿虎头鞋，这些皆表现了彝族的虎崇拜。

虎为百兽之王，是自然界中最凶猛的动物。彝族为古羌族群的后裔，古羌戎的原始图腾亦为虎。再从彝文经典和彝族传说得知，彝族祖先居于"世界的北方"，甚至还说原住西北高原，彝族巫师为死人送魂的路线，也多指向北方。凉山彝族《送魂经》载送魂路线直抵"莫木蒲姑"，均在云南昭通，这更证实了羌戎南移与土著民族融合而成彝族的史实。再则，贵州省大方县城北门外，有古罗甸国的旧城堡遗址，那里出土了一个石虎头，专家学者认为那是城堡以石虎为图腾保护神。虎的剽悍勇猛、雄壮威武，有神奇的变化和巨大的力量，因此，彝族人崇拜虎，相信自己是虎的后裔，认为人与虎可以互相转换。

彝族源起于高原，多居山地河谷，他们以山为家，以虎自命，视山虎为一体。乌蒙山一山峰，彝语"罗尼白"，意为黑虎山；镇沅的"纳罗冈"，意为黑虎冈；哀牢山也有一些山名之"纳罗"，意为黑虎。彝族崇拜虎的同时，也崇拜其它图腾和神灵，诸如龙、灵竹、葫芦、白鸡等。这点只要从意蕴丰厚的彝族头饰艺术上就不难看到，虎头帽、鸡冠帽、鹦鹉帽、鱼尾帽、凤凰帽、狗头帽、火把帽……无一不是远古图腾崇拜的体现。

【八方观念】《西南彝志》载："在那个时候，宇宙的四方，变成了八面，那就是八卦。"彝族以火、水、木、金、石、禾、山、土分属哎、哺、且、舍、哼、哈、鲁、朵八个方位，它象征着万物的变化发展。这一观念，表现在服饰上就是四方八虎图。彝族的八方是指东、南、西、北大四方加东南、西南、西北、东北小四方，再由分别代表大四方与小四方的两个"十"字交叉而成的八角表示。彝族习惯将周围的空间分为大四方，又以一虎代表一方，形成八方观念。在千姿百态色彩斑斓的彝族服饰中，绣有四方八虎图案的服饰随处可见，尤其是彝族妇女裤子两膝和背

布上的四方八虎图，总是折射出彝族远古先民对宇宙万物和虎图腾崇拜的文化韵味。四方八虎图象征着八方吉祥如意，其传统图案的布局为外四方套内四方，内四方每方一树二虎，成四树八虎，并与之相配，衬上八朵彝族妇女最为喜爱的美丽而吉祥的马樱花。

彝族既是虎族，又是花的民族。彝族妇女喜欢把鲜艳的花朵绣满整套服装，其服饰上的茶花、桃花、牡丹花、石榴花、灯笼花等图案无不包含有深厚的文化底蕴。在这些光彩夺目、美丽动人的刺绣图案中，表现着勤劳智慧的彝族妇女对美的崇尚与追求，对幸福的向往与祈诉。

【尚黑遗风】彝族以尚黑著称，尚黑一是源于彝族的图腾崇拜，传说彝族的先祖是一只黑额虎；二是与其族源有关，彝族源起西北羌戎，羌戎其衣尚青。唐宋时彝族被称之为"乌蛮"，即黑彝，可见其早有尚黑传统。今凉山彝族自称"诺苏"，乌蒙、哀牢山彝族自称"纳苏"、"聂苏"，意皆为尚黑的民族。

彝族以黑为贵，不仅服饰尚黑色，就是骨头亦尚黑色。凉山的彝族认为，只有黑骨头的人才能做官治人。据明代《云南图经志书》载，彝族"有黑白之分"，黑贵而白贱。唐樊绰的《蛮书》也有乌蛮"妇人以黑缯为衣，其长曳地"；白蛮"妇人以白缯为衣，下不过膝"。就是到了民国，彝族地区仍有：以黑彝为贵族，谓之黑骨头；以白彝为平民，谓之白骨头。而且特别讲究血统，血统混杂不纯者，谓之花骨头、黄骨头，其地位还在白骨头之下。反映在服饰上更为明显，黑彝无论男女老少皆以一身全黑为贵。女子多裹素黑无饰头帕，穿全羊毛或纯棉布服装，上衣不用彩饰，做黑、蓝素花边，裙边镶黑布条，越宽越贵，女老人只穿黑裙，小孩不得穿花哨服装。白彝穿自制的羊毛或麻料衣服，女子服饰五颜六色，艳丽夺目，裙不过膝。

彝族的传统服饰以自染黑布为料，男子全身皆黑，女子多裹黑包头，服装以黑、青、蓝为底，镶以花边。黑、青、蓝等深色在彝语中一概称"纳"，意为黑。至今遗风尚在的滇西永德乌木龙彝族的服饰仍可佐证，乌木龙的彝族，自称俐侎人，男子全套服饰为黑色，上裹大包头，圆领左斜襟或对襟衣服，衣外束黑布腰巾，下着大摆裆长裤，脚穿草鞋或赤足。女子亦上裹黑布大包头，加盖层叠包巾，青年女子的包巾喜爱用黑方格花布。上穿无领对襟黑长衣，以银泡做纽扣，襟两边镶方形银片，袖口有蓝、黑花纹图案。下着黑筒裤，系长尾围腰，穿黑底绣花船形鞋，背蓝黑宽大布袋。全套着装显得大方、整洁、高贵，颇有秦代以黑为贵的古风。

3．祭火神与万物有灵

鲜活的彝族服饰，让人犹如走进了一个神话般的世界。彝女在服饰上所倾注的心血，所展示的智慧，所显现的灵气，是狂躁的现代人最为缺失的。或许有一天，蕴藏在彝族服饰中的那种执著、虔诚、纯美以及富有野性生命的神韵消失殆尽时，我们才会感叹民族服饰文化的活力是如此之可贵。彝族服饰负载着彝族的历史，叙述着彝族的神话，隐喻着彝族的宗教信仰。其实，服饰与宗教信仰始终贯穿在人类文化的全部活动中，彝族视万物有灵，在自然崇拜和灵魂崇拜的基础上，产生了多神崇拜。这也许是由于彝族地处高原山地，分布较广，交通不便，有小聚居、大分散的社群特点，便形成了复杂的宗教信仰。

【万物有灵】禁忌，至今仍是少数民族的文化现象。彝族在日常生活中就有很多禁忌，从建房搬家到火塘边待客，从张贴门神到破碗断筷都保留着不胜枚举的禁忌习俗。

禁忌是一个民族神灵崇拜、自然崇拜的原始宗教遗迹。彝族万物有灵、崇拜自然的观念，在其服饰上亦多有反映，透过精美的图案、斑斓的色彩，就不难看到彝族先民对花鸟鱼虫、天地水火、日月星辰等各种自然物的虔诚崇拜，且把这些象征着民族神秘起源的特定标志，绣在服饰上，以祈求福祉、避免灾祸。有的服饰，在自然宗教仪式或巫术魔法中就是最好的祭物与法器。原始崇拜中的神，来自图腾，其物种多来自于动物、植物以及自然天象。这些灵物皆源于自然，与人类的生产、生活有密切的关系，认同它们、崇拜它们、祈求它们，并使之神化，于是便有了禁忌和巫术，产生了各式各样的祭神活动：祭天神、祭地神、祭水神、祭山神、祭石神、祭花神、祭火神等。

除了万物有灵、自然崇拜的观念外，彝族还认为其"祖灵"也会依附在一些具体的动物、植物或无生命的物体上。这些祖先的精灵，彝族称之为"吉尔"，是吉利、运气的象征，它能驱逐邪恶，避免灾难，保护家人。彝谚有"家中的吉尔不变心，外面的鬼怪难害人"。这种人接近了神，神又靠拢了人的宗教观，为人们幻想驾驭自然、征服自然的良好愿望，无意间折射出一个神话般的世界。彝族服饰无论从头饰到尾饰，还是从色彩到图案，处处表现出对祖先的崇拜。面对自然界的多灾多难，人常常显得束手无策。如果说，原始宗教从精神上安慰人，神话从精神上鼓舞人，那么，万物有灵、多神崇拜在彝族服饰中的展示，无疑是彝族在其历史进程中，度过漫长童年时期的真实记录。

【尾饰之俗】在彝族服饰中存在着一种普遍的现象，即对臀部的装饰，一般称为"尾饰"。这种风格，实际上是远古图腾崇拜的反映。其历史渊源，可追溯到很古老的时代，其中"九隆神话"里有"种人皆刻画其身，象龙文，衣皆著尾"的文字记载。

"九隆神话"在彝族人民中影响尤为深刻，大量的彝族典籍和口传文学都记载着"九隆"这位开辟神的事迹。如《查姆》、《西南夷志》、《爨文丛刊》、《六祖分支》、《洪水滔天史》、《勒俄特衣》、《阿鲁举热》、《竹的儿子》等，都把"九隆"说成是龙的儿子，是彝族的开辟神。近年来，在保山一古老的石洞中发现"九隆石雕"，附近方圆几百里的彝族人民认它作自己的祖先，每年都到此朝拜。总之，"九隆神话"在彝族人民中有着深深的根，它影响着彝族社会生活的各个方面。

龙既然是彝族的开辟始祖，其形象自然要反映到服饰上来，所以在衣服后面拖一条"尾巴"。这种风俗一直流传至今。大姚、永仁、巍山、永胜等地的彝族，不分男女，都穿羊皮衣。羊皮衣的制作特别注重尾巴的完整，如果不小心尾巴弄坏，质地再好的羊皮衣也不受欢迎。

红河、文山一带的彝族妇女，也比较注重对臀部的装饰，她们用各种色彩的丝线和色布做成精美的图案，垂挂在臀部或腰的左右两边，花花绿绿，十分鲜艳，所以有"花腰彝"和"花屁股彝"之称。最为普遍的是，彝族妇女的围腰布上都有刺绣精美的飘带，飘带至少两条，多的达十几条。围腰布系在腰间，飘带在腰部后方打结后往下垂挂，或劳作、或行走，飘带都会摆动，犹如一条漂亮的尾巴，十分讨人喜爱。

【祭火神】农历六月二十四日是彝族古老的祭火节，俗称"火把节"。当夜幕降临，彝人皆燃起松木，手持火把照明村寨，照明田地，驱逐邪魔，扑灭虫害，祈求丰收。有的彝寨还要合村杀猪宰牛祭火神，抱鸡提鸭到田里去祭田公地母。火镰纹，是彝族服饰中最常见的刺绣图案。火

踏歌图

镰是彝族取火的重要工具，火是彝族先民的圣物，他们用火取暖、御兽、除虫、熟食。彝族一年四季离不开火塘，视火塘为火神的象征，严禁人畜触踏和跨越。尤其是高寒地区的彝族，他们吃在火边，睡在火边，对火的依赖性特别强烈。随着时间的推移，过火把节的传说越来越多，祭火神的活动形式也越来越多样，其文化意蕴也更加丰富。流传至今的弥勒红万村彝族"祭火节"，可向世人展现古老的原始祭火崇拜的精彩场面。

红万村彝族的"祭火节"，每年农历正月二十八日举行。一大早，身着节日盛装的彝族姑娘，便把从山上采集来的青松针，铺撒在村子的中央大道，独特的风味佳肴，沿途摆出足有一里多的长街宴，主人陪同远方来的客人席地而坐。一个英俊的彝族小伙子，带着数十名漂亮的彝族姑娘，沿着长街宴席，高举酒杯，唱起酒歌为长辈和客人祝福。与此同时，一群由村里精选出来的祭火人，随毕摩先抬着供品祭器到山上祭祀龙树。毕摩庄严神秘的仪式结束后，一个身着粗麻布长衣、头戴铁制面具的壮汉，装扮成火神开始取火。通过原始的钻木取火方式得到火种后，祭火人便相互传递火神赐给的新火种，在一片敲锣声、牛角声的护送下，大伙口里不停地喊着："木邓赛碌（火神）、木邓赛碌来罗……"开始顺着街头挨家挨户传送火种。此时，一群用红、黄、黑、白、褐五种颜色文面文身的人，已手持木刀、木叉闯入村寨。他们头戴树皮、棕叶面具，身文五色连环图案，象征着对天地水火、日月星辰、风雨雷电等自然物的崇拜。他们边跑边喊、手舞足蹈地用不同的肢体语言来表达对火神的崇敬。

天色已晚，篝火正旺。勇敢的彝族男子，开始表演跳火堆、过火栏、转火磨、闯火阵，一片赞叹声后，彝族男女随着大三弦的乐声，围绕熊熊燃烧的篝火，纵情地跳起了欢快的彝族舞蹈，这便是彝族服饰上绣得最多的图案——"踏歌图"。

四、工艺精湛 巧夺天工

彝族服饰工艺，主要表现在独特的形制、刺绣、蜡染等方面，其中刺绣作为彝族服饰的主体工艺，颇具特色。它是彝族人民在长期生产生活实践中创造出来的民间艺术珍品。它不仅美化了生活，更重要的是它融彝族的历史、风俗、宗教为一体，并保持了不少古代图腾崇拜和原始绘画的素材。刺绣中的图案都有着特定的社会内容，题材丰富、工艺精巧，是中华民族民间艺术中的瑰宝。

1. 丰富多彩的刺绣题材

彝族刺绣的题材，大致可分为四类。

【动物】在彝族刺绣中，凤凰、喜鹊、箐鸡、穿山甲、蟒蛇、蝴蝶、蜜蜂、蜘蛛、鱼虾以及猫、狗、牛、马、羊等家畜都有表现。这些动物，大都与彝族人民的生产生活有关。

虎在彝族刺绣品中表现得特别突出。彝族妇女用写实的方法，将虎绣到自己的围裙上，配与凤凰、花卉和人物，形成一幅优美的"人兽同欢图"。虎的构图特别大，略卷的尾巴特别长，人都比虎小很多。这样的构图，显然是受远古人类动物图腾观念的影响。

彝族妇女普遍都要在衣襟、袖口、裤脚、披肩等部位绣制精美的装饰图案，特别喜欢在围裙的下沿和飘带顶端绣上蝴蝶和蜜蜂等。这些图案有的写意，有的写实，但都寄托着彝族人民自己的心愿和追求。

彝族刺绣图案中的动物形象并不单独出现，各种各样的动物往往都与花草、山水巧妙地配搭在同一幅画面上。

【人物】 彝族刺绣中最常见的，是妇女衣物上的人物图案。人物动态，形象多是几何形的，一般都与鸟兽、花卉构成具有完整内容的组合图案。图案的内容，都是生活中常见的，多与民间习俗有关。如"踏歌"，是彝族广泛的群众娱乐活动，妇女便在自己的裤脚上绣"图"；有的妇女，希望多子多孙，就在围裙下端绣若干小人形花卉。石林地区的撒尼妇女，还用写实的手法，将小人绣在背婴儿用的"裹背"上，以祈求婴儿快长快大。人物题材，在彝族刺绣中虽然占的比重不大，但艺术手法是很特殊的，许多变了形的图案，如飘带上的小人花，若不是彝人解释，一般人很难辨认。

观音，汉族把她塑成菩萨，供在庙堂里。彝族妇女却把她绣在围裙上端的中心部位，周围又用大朵莲花向两边伸延开。围裙系在身上，佛像位置刚好正对人的心口，可见彝族妇女对佛像的虔诚。虽说这类图案是受了佛教的影响，但在彝族刺绣中是别开生面的题材。

【植物】 各种植物以及农作物的根、茎、叶、果，都被彝族妇女摄作刺绣图案的题材。诸如牡丹花、马樱花、山茶花、牵牛花、迎春花、火草花、石榴花、菊花、桃花、梅花、灯笼花、吊子花、洋芋花、蕨类，以及生产生活用具等，都能在她们的刺绣品中得到反映。如昆明阿拉彝族乡撒梅女装的刺绣腰带，在保持花卉构图的整齐时，又突出了色彩的巧妙变化，从而使绣品格外美观大方。

虽然彝族分布地区比较宽广，所处自然环境差异也很大，但其赋予植物图案的含意基本上是相通的。例如：石榴是求多子多孙，桃子是夫妻团圆，牡丹是聪明美丽，火

草是能织善绣。总之，图必有意，意必吉祥。彝族妇女绣制每一幅花卉图案，都抒发着对幸福生活的追求和向往，寄寓着美妙的情思。

【几何纹样】 几何纹样是彝族刺绣中数量最多、流行最广的图案。它们是自然与生活的模拟，是用线的粗细、长短、曲折、横竖、交叉按照审美的法则而组成的。这些纹样，是彝族妇女在劳动实践中，对客观事物形态的简缩和再现。它们如同象形文字一样，用图样明白地表达出含意，有的却与彝族远古时代的部族历史有关，其含意更为复杂和深刻。它们多用于衣襟、袖口、挎包、头巾、围裙、绑腿等边沿部位。

八角图案，又叫"八方之年"图，是彝族刺绣中工艺最为精巧的一类图案，多用挑花的手法，绣在男子的挎包上。这类图案虽然随着时间的迁移，不知变化了多少回，但中心部位都是围绕着"八"的观念变化，即天、地、雷、风、水、火、山、泽八种自然现象。

彝族刺绣中的几何图案，除了直接描绘物的形象外，大多数纹样无法道出具体的名称和含意。但这些图案，深含着特定的社会内容和民族感情，凝聚着彝族祖先难以用概念言说和表达的深层情怀。虽然彝族早已不在图腾时代，但图案却是彝族特殊感情的"根"之所在。

2. 奇特的构图方法与工艺

彝族刺绣是一门特殊的艺术。它不仅在构图上有特殊的要求，而且在技法上也显得多种多样。无论是色彩的配搭，还是装饰布局，都有着奇特的构思。特别是十字挑花，图案细密富丽，布局严格大方，针法整齐均匀，配色华美鲜艳，充分展示了彝族刺绣高超的艺术水平和纯熟的工艺技巧。

【构图方法奇巧】 彝族刺绣，大多用在衣服的各个部位上，因此，图案设计必须符合衣服的特殊部位，同时也要适应织绣工艺上的各种手法。所以，在构图上彝族妇女都具有捕捉和表现各种事物美感的本领，并能把表达对象变成具有刺绣特点的形象。笔法简练，但又生动活泼。如人物图案，头部只是一个简单的三角形，身子、手和脚用几根直线勾画出大的轮廓，细部处理只注意大的转折，"绣"简意赅，形态逼真。

动物图案，重特点，重神情。特别是一只小鸟，多不丝毛，不分染，鸟的翅膀只画大的结构。有的虽然丝毛，如箐鸡、喜鹊等，但毛色简单而整齐。

花卉图案多是程式化的，无过多的转折变化，简括利索。如对梅花的处理，花瓣出现了方形、菱形，但挥毫洒脱、自如。这种处理，不仅适应了十字挑花的针法要求，而且更觉刚劲有力。

山水则重意境，重层次，简单明白。三个三角形是山峦，曲线是云彩，平行线是河流，交叉线是鱼竿拉网……仅仅几根曲直线，就把对象的特征刻画得生动活泼。

实用的要求决定构图的此例。服饰图案绝大部分是用在服饰上，部位有的直、有的曲、有的方、有的圆。彝族妇女在实践中锻炼出灵巧的双手，不管是在弧形的托肩上，还是在圆形的衣袖口，图案都能起伏变化，自然连续。有的图案，还与特殊部位的用途配合一致，相得益彰。如，围腰是妇女普遍使用之物，因是系在胸前，故多用牡丹、芍药作为主题花，配上凤凰或喜鹊，下垂小人花，成为一幅动植物组合图案，洒脱大方，鲜艳夺目。围腰系在身上，充分显出女性的美，再加上琳琅满目的银泡挂链，更增添了彝族妇女的几分姿色。在这里，别致的围腰图案，往往

会产生特殊的艺术效果。特殊的部位，往往需要特殊的构图法。女衣的托肩和袖口，是衣服的重要部位，举止显露人前，所以，图案设计尤其严格，绣工也特别精细。图案设计者将其中心部位处理成两只拥抱在一起的喜鹊。喜鹊的脚和尾连接在一束百合花上，百合花连续向两边伸展，直至弧形布局的缝合处为止。她们称为"喜相逢"。这类图案多为妇女所喜爱。实际上是将夫妻恩爱的感情，寓于自己的服饰图案中。构图意境如此含蓄、隐晦，没有艺术造诣、没有千锤百炼的功夫，是办不到的。

彝族刺绣，在构图上的奇巧处，还表现在对几何纹样的处理上。几何纹样中大量的主体图案是菱形、方形和八角形。这些简单的单元图案，经过相同形体的位移、相似形的转换等手法，图案就显得十分丰富，并以满地整齐的布局，明快活泼，而又不失其朴实之美。有些纹样虽然仅仅是一些点和线，由于运用"重复"和"整齐美"，这一图案设计规律所产生的特殊效果，再加上粗细线条的穿插排列、宽窄疏密的变化，就使得图案更加富丽堂皇，多姿多彩，并表现出节奏的运动感。

【针法富于变化】 彝族刺绣的针法多种多样，其中最常用的有牵花、扣花、挑花和长短针等。在刺绣图案时，往往是几种针法同时采用，互相配合，一针一线的技巧，竟达到了随心所欲、变化无穷的境界。特别是一些特殊的组合图案，由于采用的针法不同，所产生的艺术效果也各有自己的特点。现将几种常用针法，作具体介绍：

牵花，也叫贴布滚花。是彝族刺绣工艺的基本手法。它是用红、绿、黑、白、黄等色布，剪成的一公分宽的条状，然后牵滚、缝合成面呈椭圆形的小条作为基料，然后将小条仿照自己所要表达的图案花纹缀于妇女的衣领、托肩、

袖筒、衣襟、裤脚等部位。由于所构成的花样似蟒蛇爬行或缠搅状，所以，楚雄彝族自治州一带称"蟒蛇绣"或"蟒蛇纹"，而滇东南一带则称"藤条纹"。

由于牵花的色彩调配是根据底色而选用的，无论黑、青、蓝色花纹白地、或白、红、紫色花纹蓝地，都显得素雅大方，表达出了彝族人民朴实憨厚的民族性格。同时，牵花的做法比较简单，又经济实用，故流传的地区比较广。大理、巍山、南涧、寻甸、弥勒、石林等地常可以见到，但最为盛行的要数楚雄彝族自治州。

扣花，又叫锁花或锁边花，是彝族妇女的传统"作花"。着针法与今民间用于缝锁洞的针法相似，但它是根据针脉的长短取得花纹图案的。纹样有顺经纬线连成等腰三角形和锯齿状图案的，也有斜针脉组成的横向人字形的带状图案。它常与挑花、垫绣法配合，装饰衣边袖口、围腰、脚边、兜胸边沿，以及头帕、围腰带、飘带的首尾，俗称为"狗牙花"和"布带花"，既美观又耐用，深为彝族妇女所喜爱而沿袭至今。

挑花，又名"十字绣"。在彝族刺绣中有着深厚的群众基础，民族特色也明显。着针有顺针和翻针两种。顺针法是根据图案的布局，任意选择图案的一点或一端起针，图案的色彩安排位置，依据布局的经纬组织，斜针挑成一段段相等的明针，当同一色彩的部位挑完时，再回针盖第二道明针，使之与第一道针脉交叉而呈"十字"状，直至挑完同色的部位之后，再调补它色。翻针法，也是依据布局的经纬组织着针挑绣，但是，它挑一针回一针，使针交叉呈"十字"状。挑绣时，为了使背面的针脚不致变成长方、正方、三角、多边等畸形，而与正面花样不一致，要求每挑一针或几针，就要根据图案纹样的变化需要而转动布面

方向，调整针脚。两种方法，各有其长。前者省时而费神，要有相当熟练的技巧才能运用自如；后者虽然费时，但较易掌握，适宜初学者。但一般多是灵活兼用两法。二者都是用红、绿、蓝、紫、白等十多种彩色线挑绣，也有用单色线，如白线、黑线、黄线分别在黑、白布地上挑绣各种图案的。不管采用多色或是单色线绣的图案，都显得古朴典雅，厚重端庄。

挑花图案的形象受到针脚的工艺限制，因此，图案造型必须简练，使之呈"几何化"。正是由于受这种特定工艺的限制，挑花图案具有了自己的特殊装饰意趣。例如，利用挑花针脚排列的方法不同，产生的装饰效果也不同，有的在密集的"十"字针脚中适当空针，即可显出实地空花图案；有的用近似网绣针法，取得疏朗精细的效果，甚至取得正反两面都是完整而美丽的图案。总之，十字挑花的作者，施针如笔，或方或圆，或线或面，或直或曲。都可活灵活现，运用自如。整个图案都安排得疏密有致，紧凑大方，丰满而不堵塞，统一而有变化；色彩配合上，"素花"显得明快雅洁，"彩花"则是光彩夺目。

穿花，也叫穿花平绣和织花跳绣，是在"十字"挑花的基础上发展起来的，也是依据布纹的经纬组织，穿绣出各种图案。不过针法是根据图案需要，用各种绣线，顺布纹的经线跨压纬线，或顺纬线跨压经线，穿绣成蓝花、红花，或黑花内地，或内地黑花，都显得单纯明快，谨严和谐。

穿花工艺，除了用针穿绣经纬线而构成花纹外，还有用织的方法也可构成各种图案。但它所取得的效果，不及用针绣的做法精致，显得有点呆板、千篇一律，而且不及穿针法耐磨。所以，一般多用穿绣工艺，很少采用织花法。

垫绣，又叫色贴花绣，是彝族妇女在本民族牵、扣、

挑和穿等几种刺绣工艺的基础上，吸收了"汉绣"的先进工艺而创作的特殊绣法。它有"引绣"和"贴绣"两种方法。"引绣"是用色线按花草或动物结构，先安排好位置，然后用针钉出纹样的轮廓，绣成的花纹略有浮雕感觉。"贴绣"是先用纸或布剪成花样，贴于绣件面上，作为垫底，针法和绣出的图案效果与"引绣"相同。为了加强艺术效果，还在花样的边沿扣锁、牵滚、贴饰金银边，使图案更显得富丽堂皇而有立体感。

垫绣选用的素材，都是人们从实际生活中得来的，手法多偏重写实。如山村中常见的各种奇花异草、苍松翠竹、蔬菜瓜果、彩蝶蜻蜓，山野林间的狮、虎、豹、猴、鹿、等野生动物。也有人们珍爱的家禽家畜，以及象征爱情和长寿的凤凰、鸳鸯、仙鹤，都被生动地表现在绣品中。特别是用夸张手法精绣的"鸳鸯伴侣"、"鸳鸯戏莲"、"凤串牡丹"等图案，布局、色调都很和谐，可谓华丽多姿，绚丽夺目，堪与"汉绣"、"湘绣"媲美。但垫绣不像挑花那样广泛使用，只限于妇女的兜胸、绣花鞋、花帽、枕头等，很少作为衣裤和裙子装饰。

"剪洞成花"是彝族刺绣图案中一种特殊的工艺手法。它用于衣服的显眼部位。例如：石林彝族自治县的撒尼妇女，普遍用粉白、粉红、水绿、浅蓝等色布做长衣。长衣不整，外罩披肩。披肩造型奇特，是根据妇女上身的大小裁制，多为黑色，不方不正，也不绣花，只在披肩与飘带的连接处所需用的图案纹样剪开一个洞，然后用纯兰或纯黄的布贴底，再用彩色线沿剪开的纹路扣缝，同时镶上金线和银片。这样，衣肩上就显现出光彩夺目的图案。图案多是变形的蝴蝶、蜘蛛、也有"万"、"寿"、"庆"、"喜"等字样。由于工艺特殊，图案洒落大方，鲜明流畅，进一

步突出了彝族人民特有的生活情趣和质朴的民族感情。

与"剪洞成花"相似的还有一种叫做"布叠"的绣法。它用多层布折叠成大小不等的三角形，有规则、有层次地贴在一起，犹如山上的岩洞一样，层层深入，给人一种奇妙的感觉。云南许多民族都采用这种绣法，除了彝族外，拉祜族、哈尼族、傈僳族等，服饰上都有"布叠"工艺。

3．瑰丽多姿的色彩

刺绣是用技巧变化色线塑造成各样形象的造型艺术。色线的各种组织形式和实施方法都直接关系着刺绣的表现效果。彝族刺绣的配色，总的说是简练概括，鲜艳夺目，对比强烈，用色大胆。既有浅地深花，又有青地暗花，对比中有调和，素雅中见多彩，华而不俗，素而不简。具体到各个地区，色彩的配搭各有不同，但大体上都遵循这个规律。例如，师宗、巍山一带的彝族妇女，喜欢在黑底麻布上挑绣红色；大姚、永仁、武定、姚安等地的彝族则用白色底和黑色底，绣上成片的红花，同时配上青枝绿叶，色彩艳丽堂皇，五彩缤纷。

彝族刺绣常用的颜色有红、绿、蓝、紫、黄、青、黑、白等共十多种。一般的基本色调是红、黑两种。在色线的具体运用上，可分为单色、类似色、对比和一色多用四种。单色绣十分讲究底色的选择，多用于衣裙、飘带上的装饰图案，因为只是用一个单色，本身就协调统一，加之底色的映衬，所以，单色绣的效果雅致爽朗，鲜明夺目。类似色是运用色彩对比较接近的若干深浅不一的线，通过针法的有机组合，产生一种比较协调的对比关系，使色彩丰富而统一。这种手法绣出的图案，具有一种明朗的情调，使人产生清新的春意感。对比色一般都用深色线绣制，主花突出，宾花次之。五彩缤纷的色彩用红色为基调来统一，

用深色间缀中和色，使其繁褥而不紊乱，华丽而不轻佻。

"一色多用"，是彝族刺绣在用色上的一大特点。它在单色的基础上，加上各种深浅变化的处理手法。如用黑、深绿、暗绿、绿、浅绿、白等整个同一组色（色阶），合理安排绣成的图案，既统一又有变化。这种配色，一般绣在白色或黑色的布料上。但很注意底线相调和时，效果柔和；底色与色线相对比时，效果格外明显。

4. 鲜明的地域特点和民族特色

彝族刺绣图案是在漫长的社会历史中发展起来的。它在人民群众中有着极为广泛而深厚的基础。每幅图案都散发着泥土的芳香，显示出鲜明的地方特点和民族特色。

彝族刺绣的风格特点，归纳起来有三：

【实用性】图案款式和装饰部位虽然没有固定的格式，但它们总是要和实用的目的相合。针法、色彩、底料也都完全服从于用途的需要。如，妇女们参加生产劳动时，背着箩筐实物，腰部承受摩擦和压力较大，这些部位应加厚加固，所以，围腰和肩部的花纹是组织比较密集的带状图案，而且多用挑花手法。裤脚和百褶裙上绣的图案，所当选的是流苏状的"吊子"花纹，则是地理环境所致。因为南方少数民族多住在山区、半山区，行走时裤脚和裙边随着人们脚步左甩右摆，下端必然要碰挂着荆棘草丛，用"吊子"花作装饰，可以加强裙边的厚度，也可以展现出花纹的艺术风采，既耐磨又美观，取得实用和美感一举两得的效果。

在民族服饰图案中，不管采用什么图案，无论装饰什么部位，也不管采取哪种针法，图案都具有生产和生活所需要的意义，有着它的功利主义的目的，因而，彝族刺绣图案，没有一种是"纯艺术"的作品。正因为如此，彝族刺绣才在民间广泛流传，即使现代的今天，传统的刺绣工艺在各民族人民中依然占着重要的地位，先进的工业生产是无法取代的。

【地域性】彝族刺绣始终扎根于劳动人民生活的泥土之中。她来自生活又用之于生活。彝族妇女一生都在追求美的享受。她们除了下地干活、上山砍柴之外，其余时间全部花在刺绣上。每件绣品都出自劳动妇女之手，充满着劳动人民的感情。妇女都是绣花能手。她们有农民"画家"之称。图案的素材都是她们生活之中熟悉的，山中的老虎，林间的喜鹊，家里的小猫，野外的花草，在她们的巧手下，形神维妙维肖，多姿多彩。彝族人民的音容笑貌、风土人情在她们的服饰图案中被表现得淋漓尽致。

从丰厚的民族传统工艺技巧中，我们也可以闻到泥土的芳香。绣花，既不搭架，也不用花册，全凭简单的花针和灵巧的双手，就可以绣出绚丽多姿、仪态万千的图案来。妇女们刺绣前，不在布面上起稿描图，只凭腹稿和经验，信手绣来，其布局之精美，造型之生动，用色之和谐，技艺之熟练，都是令人叹服的。

【多样性】在中国多民族的大家庭中，彝族是一个分布宽广、支系众多的民族。每个支系地域不同、方言不同、社会发展阶段不同，服饰上的花纹图案和工艺习惯也各有传统的特点。据有关资料统计，彝族的服饰不下三百种，图案花纹有千种之多。

彝族刺绣，一般说来，图案除了"靠山绣山"、"靠水绣鱼虾"的自然环境外，更多的是与彝族人民的历史、心理素质、生活习惯及性格特征有关。这首先表现在重视种族的繁衍上。为了识别自己的子孙后代，服饰上的图案花纹便成了区别民族的重要标志和兴旺发达的象征。这便决定了这个民族装束和服饰上的特色，彝族、白族擅长绣花；傣族、景颇族、佤族擅长织锦；苗族多用蜡染；白族、彝族还保留有古老的扎染技术。图案都是各民族的传统图案，也有吸收外来文化创新的，但离不开他们的生活环境和历史传统。因此，无论是图案的工艺，或是所表现的内容，都是千变万化、多姿多彩的。

彝族刺绣图案反映在民族传统上最为强烈。蝴蝶是彝族世代流传下来的图案，从构图到工艺都是本民族特有的，所以，尽管彝族分布宽广，但这类图案的基本特征是不变的。我们用楚雄彝族自治州的图案与曲靖、红河等地区的图案相比较，两地远隔千里，语言不通，可图案造型和刺绣手法都是一致的。这是彝族的共性，也是他们共有的风格。

彝族人民勤劳、勇敢、深沉、含蓄，他们善于用比喻来表达情意，刺绣图案也就质朴、单纯、富有生气。许多图案，像"凤凰"、"牡丹"等，其他民族、其他地区都在使用，但都不像彝族刺绣图案那样雅致纯朴，亦如同彝族妇女一样文静朴实、活泼大方，体现了含蓄的美。

大小凉山

DALIANGSHAN AND XIAOLIANGSHAN MOUNTAINS

彝族诺苏支系女服

　　衣长88厘米,袖通长126厘米,披毡长70厘米,宽78厘米。帽直径43.5厘米。20世纪90年代四川省布拖县征集。衣为2件套,外衣为黑布地,圆领,右衽,布纽铝扣,托肩、衣襟下摆、袖口上镶满黄色涡纹。裙为黑羊毛质地,中部以下为百褶裙,边脚镶红蓝羊毛质地边。配饰有圆形大盘帽和三角挂包,挂包上镶有涡纹,边沿缀五彩布带。为当地彝族妇女盛装。

彝族诺苏支系披毡

　　长 70 厘米，宽 78 厘米。20 世纪 90 年代征集于四川省布拖县。乳白色，羊毛质地，和尚领，用白线缝压领边，短袖。为当地彝族妇女四季穿戴之物。

彝族男服

　　上衣长 53 厘米，袖通长 151 厘米；裤长 110 厘米，裤脚宽 17 厘米。20 世纪 90 年代四川省布拖县征集。衣为黑布地，圆领，布纽铜扣。肩上斜挎一黑色佩带，用红布滚边，上面镶以白色砗磲片。裤为黑布地，裤脚内收。头饰为一黑布地包头。

彝族诺苏支系女服

　　衣长98厘米，袖通长158厘米，裙长90厘米，腰宽96厘米。2001年四川省布拖县征集。衣为2件套，内衣绿布地，圆领，右衽，高衩。袖口镶一道黑边。衩侧和衣摆镶滚红布地涡纹呈"山"字形。外衣黑布地，圆领，右衽，布纽扣，短袖。托肩、衣襟、袖口、下摆均镶滚红布地涡纹。裙为黑布地百褶裙，以红色和蓝色布带镶边。配饰有梯形帽、三角包，上面纹饰与衣服相一致。

披毡

　　长94厘米，领围50厘米。20世纪90年代四川省布拖县征集。白羊毛质地。围领中穿一羊毛绳，可依着身体之大小调节领脖围。毡面起褶。男女皆可穿用。披于背部作御寒防风之用，夜间还可作被用，是彝族日夜不离身之物，也是彝族最具代表性的服饰之一。

彝族诺苏支系女服

衣长85厘米，袖通长
137.5厘米，裙长98厘米，
腰宽29厘米。2001年四川省
布拖县征集。衣为2件套，
内衣蓝平绒布地，圆领，右
衽，布纽扣。袖以黑布地拼
边，袖管上镶红布地花边，
上面抠滚涡纹。衣衩和下摆
用红布地镶边，上面抠滚一
道涡纹。外衣为红平绒布地，
圆领，右衽，短袖。托肩、
衣摆、袖口均镶滚黄布地涡
纹。裙为黑、红、绿三色布
相拼而成。帽为红布地，梯
形，前面镶2组涡纹，与衣
服纹样协调一致。整套服饰
色彩鲜艳，图案线条舒卷自
如，富有变化，为当地彝族
妇女之盛装。

彝族女服

衣长62厘米，袖通长93
厘米，裙长115厘米，腰宽
80厘米。20世纪90年代四
川省美姑县征集。衣为黑布
地，圆领，右衽，布纽扣，
袖翻卷。托肩、衣襟、下摆、
袖口镶彩布条和羊角纹装饰。
裙为红、蓝、绿三色布拼接

羊毛质百褶裙。配饰有数层
蓝布折叠长方形头帕，帕上
用毛线绣八角纹，另还有一
三角挎包，包上用彩布条盘
水波纹、藤条纹等，边沿垂
塑珠彩布带。为当地年轻彝
族妇女常见的装束。

彝族男服

上衣长66厘米，袖通长143厘米，裤长105厘米，裤脚宽131厘米。20世纪90年代四川省昭觉县征集。包头为黑布地，上系一角状物，即英雄髻，英雄髻上垂一红毛线璎珞。衣为蓝布地，圆领，右衽，布纽扣。托肩、衣襟、袖口、下摆上镶2道彩布星点纹和一道"万"字流水纹花边。肩斜挎黑色牛筋编织带，带面镶以白色砗磲片，彝话称为"图塔"，为古时系战刀之用，今仍为凉山男子所喜爱，又称之为"英雄带"。裤为蓝布地，腰以下打褶，裤脚内侧镶拼一块正方形黑布作装饰。此装为凉山彝族大裤脚的典型服饰。

彝族铠甲（清）

　　长58厘米，宽65厘米。2001年四川省昭觉县征集。为牛皮缝制，前后左右分成数片，以牛皮带缝系。上面用红、黄色刻画鱼骨纹、花瓣纹为饰，下半部以牛皮制成片状相互叠压。护肘也为牛皮制。该铠甲是自古以来彝族地区最常见的武士服之一，其做工精细，牢固厚实，刀枪不入。

擦尔瓦

　　长 124 厘米，领围 40 厘米。2001 年四川省昭觉县征集。白羊毛质地，领口穿系一羊毛质绳，作收系领围之用。边沿垂羊毛质须线。为御寒服饰，披于上衣外，为男女老少必备之物，白天披之以御寒，夜晚盖之以暖身，家居野宿，皆缩头其中，裹之而息。一年四季，随身携带不舍。

披毡

　　长 142 厘米，领围 36 厘米。2001 年四川省昭觉县征集。羊毛质地，深蓝色，领口系一羊毛质绳，作收系领口之用。边沿缀同色羊毛质须线。穿时披于背后，为御寒服饰。

彝族男服

　　衣长 70 厘米，袖通长
168 厘米，裤长 104 厘米，腰
宽 34 厘米，裤脚宽 103 厘
米。2001 年四川省喜德县征
集。衣为黑布地，圆领，对襟，
布纽扣。裤为蓝布地，宽裤
脚，腰以下打褶。腰带与裤
同色，带头镶一道黑布边和
一道白色藤条纹。

彝族女服

衣长 84 厘米，袖通长 140 厘米，裙长 103 厘米，腰宽 74 厘米。2001 年征集于四川省喜德县。衣为黑布地 2 件套，内衣圆领，右衽，布纽扣。托肩镶蓝布条水波纹，袖管中部镶紫色水波纹和蓝色回纹两道花边，前衣襟中部用蓝布带镶藤条纹呈"凹"字，下摆镶 3 个火纹。外衣坎肩为圆领，右衽，布纽扣。袖口镶一圈兔毛。托肩、衣襟用彩布条相拼装饰。裙为黑布地百褶裙，中间镶紫色绸缎和绿色绸缎。配饰有瓦式头帕和假发辫，头帕上用彩色毛线绣星点方形纹、三角纹、犬齿纹等。

彝族土比支系女服

衣长110厘米，袖通长150厘米，裙长105厘米，腰宽32厘米。2001年四川省金阳县征集。内衣为白布地，圆领，高衩。袖口镶红布地边。前后衣襟下摆用黑布带镶边，角隅对称镶嵌涡纹。外衣为黑布地褂，圆领，右衽，布纽扣。托肩和衣襟以黄、红、绿布线条装饰并镶拼一道花边。下摆角隅对称镶嵌涡纹，与内衣纹样一致。裙为白布地百褶裙，脚边拼接黑布地边。配饰有圆形荷叶帽。为当地中老年妇女装。

彝族诺苏支系女服

衣长 105 厘米，袖通长
177 厘米，裙长 202 厘米，腰
宽 58 厘米。2001 年四川省普
格县征集。衣为 2 件套，内
衣为蓝布地，圆领，右衽，
高衩，布纽扣。袖管镶贴 2
道涡纹，衩侧和下摆黑布地
镶边，摆上镶贴一组涡纹。

外衣为黑布地，圆领，右衽，
短袖，托肩、衣襟和下摆镶
蓝布地涡纹，纹饰与内衣相
一致。裙为黑羊毛质地百褶
裙，用彩布带镶边。头饰有
多层瓦式头帕和假发辫，帕
上绣有八角纹等。

彝族女服

衣长50厘米，袖长15厘米，裙长101厘米。20世纪90年代四川省宁南县征集。衣为红布地，圆领，右衽，布纽扣。托肩、衣襟、下摆上用彩布带镶贴有涡纹、水波纹、犬齿纹、菱形纹。裙为彩布相拼百褶裙。为当地彝族妇女简易夏装。

彝族诺苏支系女服

方巾横44厘米，纵37厘米，衣长56厘米，袖通长125厘米，裙长94.5厘米。20世纪90年代征集于永仁县永兴乡。方巾上以五彩毛线平绣有3道纹样，有八角纹、菱形纹。衣为黑布地，圆领，对襟，布纽扣，领口用彩布滚边，托肩、衣襟拼接3道花带边，中间以彩布条相隔，袖口镶3道彩布边。裙为彩布相拼接，下摆为百褶形。配饰有三角包，包上以红布镶贴涡纹、太阳纹，边沿缀花布彩带和白色毛线须穗。

彝族诺苏支系披风

　　长102厘米，领口宽38厘米。20世纪90年代征集于元谋县凉山乡。灰白色，羊毛质地，领口为黑布镶边，肩以下镶拼一道黑布呈"凹"字形。披风，彝语叫"攀贝"，汉语叫线毡。是彝族地区男女最喜欢的服饰之一，其多厚实，能挡风御寒。彝族披毡习俗古而有之。《蛮书》卷八说大理国彝族，"其蛮，丈夫皆披毡。"《南诏野史》也说大理国彝族"黑罗罗……披毡佩刀。"一千多年来，彝族的披毡之俗一直贯之，表现出顽强的传承性。

彝族女服

　　衣 长 58 厘 米, 袖 长 36 厘 米, 裙 长 97 厘 米。20 世 纪 90 年 代 中 甸 县 征 集。帽 为 黑 布 地 四 方 八 角 帽。衣 为 黑 布 地, 圆 领, 对 襟, 布 纽 扣, 袖 口 镶 2 道 蓝 布 地 边。裙 为 黑 布 地 与 羊 毛 质 相 拼, 中 部 褐 色, 下 部 为 淡 黄 色 百 褶 裙。

彝族女服

　　衣长 60 厘米，袖通长 143 厘米，坎肩长 55 厘米，胸围宽 42 厘米，百褶裙长 90 厘米。20 世纪 90 年代中甸县三坝乡征集。衣为蓝布地，圆领，右衽，布纽扣。袖口镶黄白黑三色布带成彩虹纹。坎肩黑布地，圆领，对襟，布纽铜扣。裙为黄、红、白三色布百褶裙。头饰为一个半圆形勒子和一块黑布地方形帕。为当地彝族少女装。

彝族诺苏支系女服

帽高19厘米，直径20厘米，袍长100厘米，袖通长147厘米，外衣长46厘米，袖通长116厘米，裙长89厘米，腰宽46厘米。20世纪90年代征集于元谋县凉山乡。帽为黑布地，呈筒状。领牌为长方形，上下边沿各镶钉一排带领银花泡装饰。袍为绿布地，圆领，右衽，高开衩，前后衩边镶拼有2道黑布边和2道花布边。外衣为黑布地，圆领，对襟，领口滚一道黄布边，托肩镶绿布地火镶纹和白布地缠枝花卉纹，间有彩布条装饰，襟边对称镶红布花边和白布地绣缠枝花卉纹，间以彩布条相隔。裙为蓝布地百褶裙，中部嵌一道黑布。配饰有三角挂包，包边上镶一道黑布地花边，上面绣缠枝花卉纹，边沿缀彩布飘带。

彝族诺苏支系女服

　　帽高19厘米，直径20厘米，袍长
108厘米，袖通长143厘米，外衣长46
厘米，袖通长110厘米，裙长82.5厘
米。20世纪90年代征集于元谋县凉山
乡。帽为黑布地，高筒帽，耳侧下垂2
串银珠链，间有红色塑珠装饰。领牌呈
方形，上下各镶一排垂领银花泡。袍为
蓝布地，圆领，右衽，高开衩，布纽扣，
衽边镶2道黑布和2道花布边。外衣黑
布地，圆领，对襟，布纽扣，托肩、衣
襟部镶拼蓝布地火镰纹和白布地彩绣花
卉纹，襟两侧对称镶红布边和白布地彩
绣花卉纹，间有彩布条相隔。袖口镶3
道花布边，中间一道绣八角纹。裙为彩
布拼接，上部呈筒状，下摆为黄色，呈
百褶状。

滇西

THE WEST OF YUNNAN PROVINCE

彝族女服

上衣长 102 厘米，坎肩长 49 厘米，围腰长 63 厘米，裤长 84 厘米，团毡直径 30 厘米。20 世纪 90 年代征集于大理州。包头为黑布地，三角形，包裹时呈尖角状，配饰附有数串塑料珠，珠串上

缀毛线璎珞。衣为绿绸缎地，立领、右衽、布纽扣。衣肩对称绣花卉图案。袖管上镶二道花边，分别绣缠枝花卉纹和团花纹。坎肩为大蓝布地，立领，右衽，布纽扣，领为红布地，上面镶满圆形铝泡，托肩、衣襟镶黑布边和彩布边。胸口和背部绣花卉纹饰。围腰黑布地，绿布带镶边，左右对称绣龙、凤、蝴蝶花卉纹，底边绣缠枝花卉纹，中部贴蓝布地长方形飘带，上面绣满花卉纹饰。裤为绿布地。背毡羊毛质地，上面绣 4 个圆形纹饰，边沿用金箔纸点缀。

彝族女服

衣长 60 厘米，袖通长
120 厘米，裤长 93 厘米，裤
脚宽 20 厘米。20 世纪 90 年
代祥云县征集。衣为绿绸缎
地，竖领，右衽，布纽扣。
衣襟、托肩镶 2 道黑布带和
一道花布边为饰，间以彩布
带相隔。袖上镶有 4 道黑布
带和 3 道彩布带。围腰黑布
地，围腰头上绣一道花卉纹
镶边，中间嵌黄布地团花纹
和白布地花卉纹。边侧镶有
蓝布和淡蓝色布拼接成"凹"
形。裤为蓝布地长裤，脚边
镶黑布地和白布地 2 道花边，
分别绣藤条纹、缠枝花卉纹。
头饰为黑布地圆形露顶帽，
正面彩绣满花卉纹。

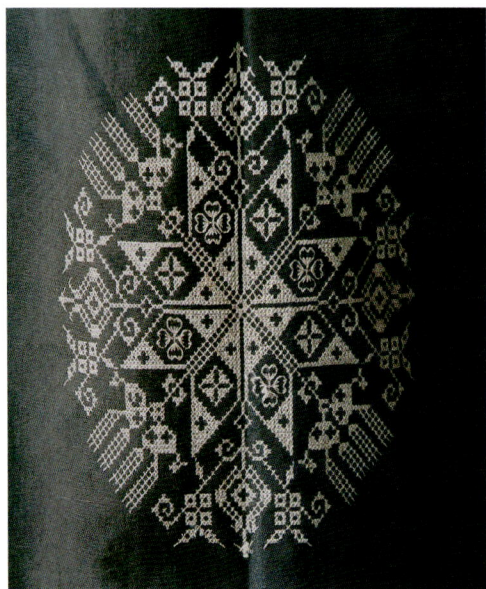

彝族女服

　　衣长 62 厘米，袖通长 120 厘米，裤长 93 厘米，裤脚宽 22 厘米。20 世纪 90 年代祥云县征集。衣为蓝布地，竖领，右衽，布纽扣。托肩、衣襟镶一道黑布花边，上面绣缠枝四瓣花，另还拼接有 2 道花布边，袖管和袖口上镶多道彩布边为饰。围腰黑布地，围腰头上绣一道花卉纹，上部镶蓝布花边和绿布花边，上面绣满花卉纹，中部用彩布带隔成方形，方形中绣缠枝花卉纹，下摆和腰侧镶蓝布地花边，上面绣团花纹，间以彩布带相隔。围腰的所有花卉图案上面钉有小亮片点缀。裤为黑布地，裤管中部挑绣有白色团花纹，上面绣八角花、吊子花、变形花卉纹，脚边在 2 道蓝布带之间镶一道白布花边，上面绣有星点纹、吊子花。帽为黑布地，上面镶钉有 3 只银须蝴蝶为饰。

彝族女服

衣长63厘米，袖通长115厘米，裤长94厘米，裤脚宽21厘米。20世纪90年代祥云县征集。衣为绿绸缎地，立领，右衽。托肩、衣襟、袖口镶2条黑布带和一条彩布带，间以彩布花边相隔。围腰黑布地，围腰头绣一道花卉纹，镶一道白布地花边，上面绣缠枝花卉纹。边上镶一道绿布地花边，上面绣缠枝花卉纹，角隅绣如意花卉纹，边沿缀黄色须线。裤为黑布地，脚边上镶有2道花布边。头饰为黑布地包头，上面用彩布带相隔成格，格内绣有花卉纹，边上缀红色须线。

彝族女服

袍长125厘米，袖通长125厘米，裤长100厘米，裤脚宽123厘米。20世纪90年代鹤庆县征集。袍为浅蓝布地，立领，对襟，高开衩。领为黄布地，边沿钉一铝泡为饰，袖管镶一道黑布带。下摆用一道黑布镶拼。裤为蓝布地，长裤。配饰有毡毯腰带，上面织成彩色条纹状。头饰为多层布方巾。

彝族罗罗支系女服

坎肩长 59 厘米，胸围宽 46 厘米，围腰长 45 厘米，宽 71 厘米。20 世纪 90 年代征集于景东县龙街乡。勒子帽呈长方条状，上面镶钉三排银花泡，中心镶一颗錾花大银泡，两侧钉錾花带须银别子。坎肩黑布地，翻领，对襟，布纽银扣。围腰黑布地，上面镶拼花边装饰，顶部有一对錾花花篮银屏，系一条银质双环结蝴蝶扣链。

彝族俐侎支系女服

内衣长 74 厘米，袖通长 118 厘米，外衣长 92 厘米，袖通长 115 厘米，裤长 86 厘米，裤脚宽 40 厘米。20 世纪 90 年代永德县乌木龙乡征集。衣为藏青布地，对襟，领口镶钉 2 排圆铝泡，襟边对称钉 2 排方形铝牌。衣下摆边沿刺绣点纹并镶一道绿布边。袖口镶一道黑边。围腰下摆内收，边沿绣有星点纹。头饰为一黑白小方格方巾。该装以黑色为主色调，以铝牌为主要饰物，深受当地佤族服饰影响。

彝族俐侎支系女服

054

滇中

THE MIDDLE OF YUNNAN PROVINCE

彝族纳苏支系女服

衣长67厘米,袖通长121厘米,裤长90厘米,裤脚宽20厘米,围腰宽60厘米,长50厘米。20世纪80年代武定县征集。衣为蓝布地,立领,右衽,布纽扣。领上镶满带须银花泡。托肩、衣襟上镶2道黑布边和一道彩布边,黑布上绣有凤鸟花卉纹、雪花纹,彩布边上缀粉红色须线,袖管和袖口镶黑布带和彩布带为饰。围腰黑布地,用蓝布镶边,上面绣马樱花、四瓣花、蕨叶纹、花卉纹、八角花、吊子花等。裤为黑布地,裤管口镶有5道彩绣纹饰,有藤条纹、菱形纹、三角纹、人形舞蹈纹、荷叶纹、花卉纹。帽为黑布地鹦嘴帽,帽前沿绣一朵牡丹花,两侧绣凤鸟纹、花卉纹,顶部绣花卉纹、双龙纹,边沿绣一圈犬齿纹。前沿镶满银泡为饰。

彝族纳苏支系李土司夫人服

彝族纳苏支系李土司夫人服

衣长100厘米，袖通长140厘米，袖宽50厘米；裙长100厘米，宽75厘米。1995年武定县环州乡征集。蓝绸缎暗花布地大袖上衣。圆领，大襟，右衽，布纽。托肩、衩口及下幅镶拼白底绸缎和花边，并饰涡纹。白底绸上刺绣蝴蝶纹、盘绦纹、花卉纹等，袖管白绸缎地以五彩丝线绣蝴蝶及花草纹。绿绸缎地长裙，白布腰，开衩，裙摆下部及正面绣马樱花及动物纹、花草纹、缠枝花卉纹。菱形包边框镶黑布，其上绣花卉纹；正中填绣花卉纹、凤纹，底沿缀彩绸条。

彝族纳苏支系女服

　　公鸡帽高8厘米；上衣长90厘米，袖通长143厘米；裤长88厘米，裤腰宽54厘米；围腰长47厘米，宽57厘米。20世纪80年代武定县环州乡征集。帽呈公鸡状，以丝线刺绣羽毛纹样，边沿缀饰银泡、银铃等。上衣为蓝布底，直领，右衽。托肩、衣襟及袖用五色丝线刺绣二龙献寿纹及花卉纹，镶饰火焰纹。围腰为黑布底，刺绣马樱花纹。裤为黑布底，裤脚边从上至下依次装饰的纹样有：刺绣马樱花纹，镶配花边及火焰纹，挑绣盘绦纹、蕨枝纹、璎珞纹。饰物有实心银手镯1对、镂空银手镯1只、银耳环1对、银屏1对、银链1条、围腰及帽配饰银泡。

彝族罗罗妇女围腰

围腰高 35 厘米，长 50 厘米。20 世纪 80 年代牟定县征集。多为白布底，也有黑、蓝布底。围腰由三部分组成，中心是满地红花，马樱花、山茶花是主题，佩绣菊花、绿叶，绣工精美，栩栩如生。围腰下边向两方扩大廷伸，用蓝布或黑布拼接。拼接处有花条布装饰。围腰头上有银镶一根和各种饰品，廷伸两边均有精美的飘带。围腰造型奇特、结构紧密、图案生动、功能齐全，是刺绣的精品。

彝族乃苏支系女服

帽高12厘米，衣长100厘米，背披长45厘米，裤长93厘米。20世纪90年代武定县猫街镇征集。衣为蓝布地，直领，右衽，短袖。托肩、衣襟镶3道黑布地花边，上面用五彩丝线绣马樱花、大菊花、山茶花。袖口翻卷，上面绣雪花纹、犬齿纹、马樱花。后襟背及下幅皆以五彩丝线绣马樱花和四瓣花纹。背披白麻布地，用蓝布带镶边，上面挑绣变形花卉纹、蕨叶纹、吊子花、菱形纹，中心四角隔绣马樱花，系带黑布地，上面绣大菊花。围腰黑布地，用蓝布镶边，上面绣马樱花、大菊花、菱形纹、吊子纹，中间缀一道绿色须线。飘带绣四瓣花卉纹、蕨叶纹、变形花卉纹、菱形纹、犬齿纹，边沿缀红色须线。与之相配有绣花勒子帽和绣花边裤。为中老年盛装。

彝族乃苏支系男式火草坎肩

　　长 68 厘米，宽 52 厘米。
20 世纪 80 年代武定县猫街镇
征集。淡黄色火草布地，圆领，
对襟，开衩。袖笼及两襟边
以白布镶拼为饰。两襟边缝
钉白色布纽。襟面缝三个布
包，上刺绣蝴蝶纹、石榴花
纹等。

彝族乃苏支系火草坎肩

　　长 67 厘米，宽 47 厘米。
20 世纪 80 年代征集于武定
县猫街镇。乳白色地，火草
与麻布混纺织，立领，对襟、
无袖。领上以彩布带镶 3 道
犬齿纹。衣襟镶两条蓝布地
花边，上面用五彩丝线绣花
卉纹样。火草，野生，属菊
科大丁草属中的钩苞大丁草，
名为火草，是因为此草的叶
子可以用作燧石取火时的引
火之物。其叶背有一层薄薄
的棉状物，可以轻易用手工
把白棉绒层和叶绿层分离，
搓捻成线。这种火草坎肩既
保暖透气，又柔软舒适、经
久耐磨。但要织成一件坎肩
并不是一件容易的事，要跑
遍九坡十八岭，采集得多了，
才可以制成火草衣。姑娘往
往把火草坎肩赠给意中人作
为"定情衣"。

彝族纳苏支系女服

上衣长 88.5 厘米，袖通长 145 厘米，裤长 93 厘米，裤脚宽 28 厘米，围腰长 27 厘米，宽 70 厘米，背披长 81.5 厘米，宽 69 厘米。20 世纪 90 年代武定县征集。衣为绿布地，立领，右衽，布纽扣，托肩和衣襟镶 3 道花边，分别绣缠枝马樱花、盘绦纹、缠枝花卉纹，边上缀粉红须线，袖管镶 2 道黑布带和 2 道花布边，上面绣山茶花，袖口镶 2 道花边，分别绣缠枝花卉纹和缠枝马樱花，衣下摆绣 2 道缠枝马樱花，以犬齿纹框边。围腰为黑布地，上部镶 3 道蓝红带，以银泡相隔，中心在一块白布上刺绣满红色马樱花、山茶花。裤为黑布地，从膝部到裤脚共镶有 8 道花边，上面绣藤条纹、菱形纹、人形舞蹈纹、变形花卉纹。配饰有鹦嘴帽，帽前部绣一朵红色马樱花，边沿以银泡框边，两侧垂有黑色须线。

彝族密岔支系女服

衣长 74 厘米，袖通长 140 厘米，裤长 92 厘米。2001 年武定县高桥镇。帽为黑布地，上面用五彩棉线绣马樱花，边沿镶钉一圈银花泡为饰。衣为红布地，直领，右衽，布扣，托肩、衣襟、袖管均镶一道蓝布地花边，上面绣马樱花、犬齿纹。围腰蓝布地，上面挑绣有蝴蝶纹、吊子花，飘带绣犬齿纹、八角花、羊角纹。裤为绿布地，裤脚边上绣二道黑布地缠枝花卉纹，与上衣纹饰相呼应。

彝族纳苏支系女童服

衣长 59 厘米，袖通长 86 厘米，裤长 60 厘米，裤脚宽 20 厘米，围腰长 40 厘米、宽 33 厘米。衣为绿布地，立领、右衽，布纽扣、托肩、衣襟、袖管镶黑布地布带和一道白布地绣花带，上面绣缠枝花卉纹。裤为白布地、裤管上镶 3 道藏青色布带和一道白布地藤条纹花边。配饰有公鸡帽和绣花包，帽前沿绣牡丹纹，顶部绣寿字纹，两侧绣花卉纹，帽前沿还镶钉一圈银花泡，花泡上缀有银须。包上挑绣有八角纹。

彝族纳苏支系女童服

上衣长 70 厘米，袖通长 86 厘米；裤长 67 厘米，腰宽 40 厘米，裤脚宽 23 厘米；围腰长 38 厘米，宽 44 厘米。20 世纪 90 年代武定县环州乡征集。公鸡帽面以丝线刺绣成羽毛状，左右两侧缀饰五色毛线球、黑线束和色布条，帽沿嵌钉银泡和缀饰短银穗。蓝布底直领右衽蝴蝶形纽上衣。领嵌钉银质梅花泡和缀饰短银穗。托肩、衣襟镶拼黑、白布条和花边，白布条上刺绣缠枝花卉纹，袖管上拼镶黄、粉、黑、白、紫等布条，黄、粉、白布条上绣缠枝花卉纹和盘绦纹。围腰以黑棉布为底，挑绣十字花纹、八角花纹、瓔珞纹，边框嵌钉 2 行银泡，银屏缀饰短银穗。黑棉布底裤，镶拼浅蓝、黑、黄布条，浅蓝布上饰藤条纹，黑布条上挑绣盘绦纹，黄布条上刺绣缠枝花卉纹。配饰有绣花挎包和绣花鞋。

彝族乃苏支系女服

帽高26厘米；上衣长74厘米，袖通长132.5厘米；裤长92厘米，腰宽46厘米，裤脚宽30厘米，背披长44厘米，宽49.5厘米；围腰长32.5厘米，宽49.5厘米。20世纪90年代武定县猫街镇征集。鱼尾帽面以五彩丝线刺绣马樱花等纹，花间与帽沿镶钉纯银梅花泡及葵花泡，左右两侧缀饰粉线束。绿布底直领右衽上衣。领嵌银质"寿"字纹和圆形领牌。托肩、襟边以五彩丝线刺绣鲜艳靓丽的两圈硕大的马樱花纹和犬齿纹，嵌钉银质梅花泡，下沿缀饰黄线须。后襟长及膝，明显体现了"衣著尾"的古老习俗，左右两边及下摆同样刺绣马樱花纹样和镶钉银梅花泡。袖管镶拼白布与黑布条，其上均刺绣缠枝花卉纹。围腰以黑布为底，呈长方形，四边均以五彩丝线刺绣马樱花纹或犬齿纹，并镶配银质梅花泡和葵花泡，中部两下角以白布镶拼，上以丝线绣二组花卉纹。飘带同样镶拼白布，其上刺绣马樱花纹和犬齿纹。火草布地背披，四周镶拼黑布条，上以丝线刺绣缠枝马樱花纹，花间及边沿镶钉银质梅花泡和葵花泡，正中两下角亦以黑布镶拼，上以丝线绣二组花卉纹。黑布底背带，刺绣齿轮纹，镶钉葵花银泡。黑布底长裤，镶拼白、蓝、红布条与花边，饰藤条纹，挑绣十字花纹、人形舞蹈纹等。

彝族乃苏支系女服

上衣长 73 厘米，袖通长 129.5 厘米；围腰长 30.5 厘米，宽 29.5 厘米。20 世纪 80 年代楚雄州武定县猫街镇征集。帽面分格刺绣花卉纹，镶钉蓝线束和银质梅花泡和葵花泡。蓝布底直领右襟布纽上衣。托肩与襟边以白、红、黑布条镶拼，白、黑布条上以五彩丝线绣缠枝花卉纹和变形花卉纹，边沿缀红线须。

袖为套袖，外袖黑布底上刺绣缠枝花卉纹，内袖镶拼蓝布条、白布条、花边，绣花卉纹、盘绦纹。前后衣襟下摆均绣缠枝花卉纹。黑布底围腰，上部边框镶蓝布条。刺绣花卉纹；中部镶白布块，其上挑绣八角花、十字花和璎珞纹，下部边框镶白布条，其上满绣变形花卉纹。配以毛边底绣花鞋。

彝族纳苏支系女服

　　帽高10厘米；上衣长93厘米，袖通长147厘米；裤长89厘米，裤腰宽53厘米；围腰长50厘米，宽56厘米。20世纪90年代武定县白露乡征集。帽顶空，帽面满绣马樱花纹。蓝布底直领右衽布纽上衣，托肩、衣襟镶拼黑、白布条与花边，黑布条上刺绣花形较大的马樱花，白布条上挑绣变形八角纹。袖管镶饰黑、白布条与花边，白布条上挑绣变形八角纹。前后衣襟下摆左右两角刺绣花卉纹。蓝布底围腰挑绣十字花纹和八角纹。黑布底裤，裤管镶拼藤条纹与花边，挑绣团花纹与人形舞蹈图案。黑布底鞋，鞋尖上翘，鞋面刺绣花瓣纹与犬齿纹。

彝族密岔支系女服

衣长 69 厘米, 袖通长
124 厘米, 裤长 94 厘米。2001
年武定县高桥镇征集。上衣
为红布地, 直领、右衽、布
纽扣。衣襟、托肩、袖口均
镶一道黑布地花边, 上面用
五彩棉线绣马樱花、犬齿纹。
裤蓝布地, 裤管镶贴一道藤
条纹和一道黑布地缠枝花卉
纹。与之相配的还有挑花围
腰和绣花帽。

绣花鹦嘴帽

　　帽高 18 厘米，长 31.5 厘米。20 世纪 90 年代武定县环州乡征集。帽为黑布地，前部绣牡丹纹，帽顶部绣藤条纹、凤羽纹、"寿"字纹。两侧绣凤鸟纹、花卉纹、蝴蝶纹、犬齿纹等，耳侧垂有两串蓝线璎珞。绣工精细，针脚平整，色彩搭配和谐。

八角图案帽

　　帽高 8.5 厘米，帽径 31 厘米。20 世纪 90 年代武定县白露乡征集。黑布地，圆形。帽顶用银泡镶钉为圆形八角纹，中心钉一錾花银花泡。帽两侧对称钉錾花银蝴蝶。该帽图案象征着彝族人天圆地方的宇宙观念。

鹦嘴帽

　　帽高 6 厘米，长 23 厘米。20 世纪 80 年代武定县白露乡征集。黑布地，露顶，帽上绣满马缨花，侧面对称钉一对錾花蝴蝶，上沿镶有一圈银花泡，花泡上缀有银须，下沿镶白布地边，上面镶钉一圈银花泡，两侧钉一对银铃装饰。

四方八虎图裹背

　　长 31.5 厘米，宽 18 厘米。20 世纪 90 年代武定县发窝乡征集。黑布地，中心镶白布地正方形绣花布，绣"卍"字纹框边，角隔绣花卉纹，中心绣四方八虎图。顶部绣石榴纹、凤鸟纹。四方八虎图是彝族虎图腾崇拜和虎宇宙观的典型代表。

四方八虎图裹背

　　长 73 厘米，宽 71 厘米。20 世纪 90 年代武定县征集。黑布地宽边，中间镶蓝布地绣花布，上面周边挑绣八角纹框边，角隔绣花卉纹，中心绣四方八虎图。以挑绣工艺为主。

彝族罗罗支系女服

勒子帽高 4 厘米，帽径
23 厘米，衣长 73 厘米，袖通
长 140 厘米，坎肩长 60 厘米，
胸围宽 50 厘米，裤长 100 厘
米，裤脚宽 21.5 厘米。20 世
纪 90 年代征集于楚雄大过口
乡。勒子帽黑布地，露顶，
前侧上下沿镶钉 2 排银花泡，
中间为一排小银佛像，中心
镶一颗大花泡。衣为白布地，
立领，右衽，袖管镶拼 6 道
花布边。坎肩黑布地，圆领，
右衽，托肩绣一道缠枝花卉
装饰。围腰黑布地，上半部
镶拼蓝布地花边 2 道，上面
用红色棉线绣缠枝花卉。中
心绣白布地折枝花 3 组，边
沿镶一道花边。裤为绿布地，
裤脚边拼黑布地花边，上面
彩绣一圈卷叶纹。

彝族罗罗支系女服

　　衣长 64 厘米，袖通长140 厘米，坎肩长 65 厘米，胸围宽 50 厘米，裤 68 厘米，裤脚宽 29 厘米。20 世纪 80 年代楚雄大过口乡征集。衣为白布地，立领、右衽、布纽扣。袖管镶 3 道黑布带，袖口镶一道蓝布地花边，上面绣缠枝花卉纹。坎肩黑布地，圆领、右衽、布纽扣，托肩、衣襟绣一道缠枝花卉纹并镶 2 道花布带。围腰黑布地，上部和边镶蓝布地花边，上面绣缠枝花卉纹和折枝花卉纹，中部绣花卉纹。飘带绣羊角纹和菱形花卉纹。配饰有勒子帽，帽上下沿镶钉 2 圈银花泡，中间镶钉银佛。

彝族罗罗支系男服

    衣长 71 厘米，袖通长
150 厘米，坎肩长 62 厘米，
胸围宽 40 厘米，裤长 91 厘
米，裤脚宽 27 厘米。20 世
纪 90 年代征集于楚雄大过口
乡。衣为蓝布地，立领，对
襟，布纽扣，衣襟边上镶有
一道花布边。坎肩为白麻布
地，圆领，对襟，领口、袖
口以黑布裹边，衣襟对称镶
黑布地花边，上面绣有四瓣
花、叶子纹，下沿用黑布花
边隔成方形装饰，上面绣简
单纹饰。裤为黑布地长裤。

鱼尾帽

　　帽高 8.5 厘米，长 24 厘
米。天蓝布地，黑布镶边，
尾部微往上翘。帽上绣满马
樱花。顶部镶钉一圈银梅花
泡，下部镶钉一圈小银佛。
为当地女童常戴之物。

八卦帽

　　高 7 厘米，帽径 23 厘米。
20 世纪 80 年代于楚雄州境
内征集。圆形，黑布地。帽
四周绣凤鸟蝴蝶纹、龙纹，
顶部中心绣花卉纹、凤羽纹、
犬齿纹，外圈绣"乾、坤、震、
巽、坎、离、艮、兑"等八字。

彝族纳苏支系公鸡帽

　　状如公鸡。黑布底，帽
面绣对称羽毛纹、藤条纹、
花瓣纹、犬齿纹、缠枝花卉纹。

绣花飘带

绣花飘带

绣花飘带（局部）

绣花飘带

绣片

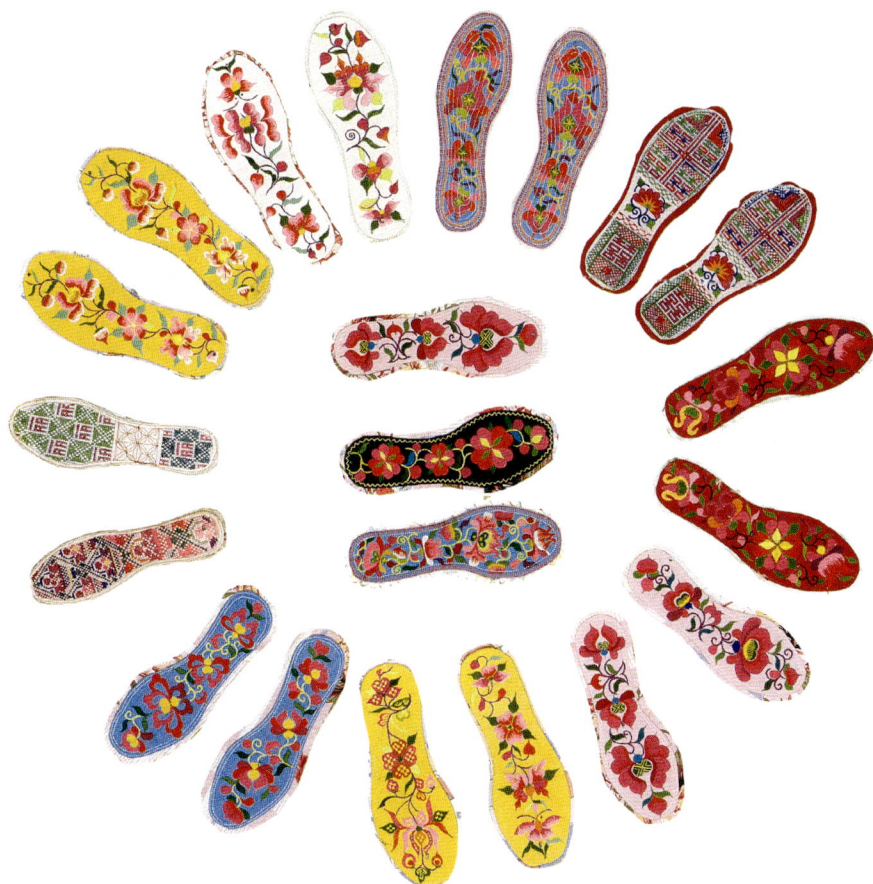

绣花鞋垫

彝族银耳坠

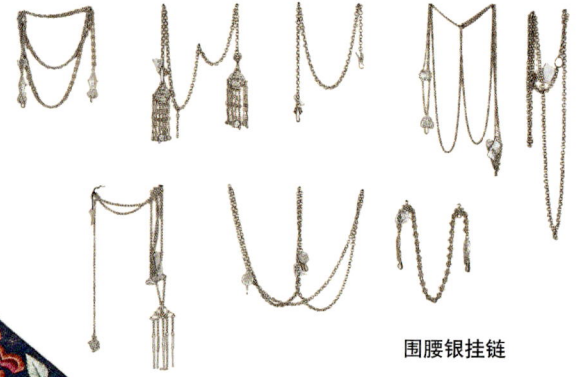

围腰银挂链

彝族绣花包（民国）

　　长34厘米，宽37.5厘米。
20世纪80年代楚雄州征集。
黑布地，边和系带上用五彩
丝线绣缠枝花卉纹、凤鸟牡
丹纹、亭台楼阁花卉纹。中
间用彩线挑绣成柿蒂纹花瓣
形，中心绣八卦双鱼纹，花
瓣里绣折枝梅花。底侧垂缀
黑色塑珠须线。

彝族俚颇支系女服

　　帽宽 20 厘米，高 14 厘米；衣长 121 厘米，袖通长 136 厘米；裙长 82.5 厘米，腰宽 42.5 厘米。20 世纪 90 年代大姚县桂花乡征集。黑布底鱼尾帽，边沿挑绣几何纹，配饰塑组，顶饰五彩线须。黑布底直领右衽上衣。除袖口刺绣一道缠枝四瓣花纹外，整衣采用镶拼方式缝制而成，纹饰主要有方格纹、四角菱纹、铜钱纹、星点纹、曲折纹、蝴蝶纹、"工"字形

纹等。纹饰左右对称。后摆长，是"衣著尾"习俗在民间文化中的遗存。百褶裙用黑布与红、蓝、粉、紫等诸种色布相间拼接而成，形成 20 层拼镶装饰纹样。整套服饰形似色彩斑斓的虎皮。该服在彝族服饰文化中具有较高的研究价值，它不但具有独特的镶拼技艺，而且蕴含着彝族虎图腾崇拜和"衣著尾"习俗等文化事象。

彝族俚颇支系女服

　　衣长113厘米，袖通长
139厘米，裙长85厘米，腰
宽47厘米。20世纪80年代
大姚县桂花乡征集。衣为黑
布地，立领，对襟，衣襟、
袖管、肩、后幅上用红、黄、
白彩布带拼接成水波纹、蜘
蛛网纹。背部镶2道彩布花
边成"凹"形。裙为彩布拼
接百褶裙，色彩与衣服协调
一致。与之相配的有一黑布
地鱼尾帽，帽前沿镶钉一圈
银泡装饰，后垂有塑珠璎珞
串。整套服饰以横条纹装饰，
风格独特。

彝族俚颇支系女服

衣长 78.5 厘米，袖通长 140 厘米，裤长 95.5 厘米，裤脚宽 21.5 厘米。20 世纪 90 年代大姚县昙华乡征集。衣为黄布地，立领，右衽，布纽扣，托肩，衣襟镶有 4 道花边，分别绣马缨花、犬齿纹、藤条纹、缠枝花卉纹，袖口镶 3 道花边，分别绣藤条纹、荷花、杜鹃花。围腰为黑布地，上部和边沿绣一道缠枝花卉纹，间以彩布带相拼。飘带上挑绣犬齿纹、方形花卉纹、几何纹、羊角纹等。裤为藏青布地，脚边镶一道藤条纹。与之相配的有羊角包头帽和绣花包。帽为黑布地，顶绣一团花，耳两侧绣有团花纹、荷花、蝴蝶。包为黑布地，上部绣有团花纹，边上缀粉红须线，系带为黄布地，上面绣简单花草纹。彝族源于远古氐羌民族，畜牧生活使其有羊崇拜习俗。

大姚县桂花乡彝族俚颇支系绣花挎包（局部）

挎包纹样

大姚县昙华乡彝族俚颇支
系绣花挎包

彝族罗罗支系火草衣男服

衣长 58.5 厘米，袖通长 163 厘米；裤长 97 厘米，腰宽 36 厘米，裤脚宽 31 厘米。1995 年南华县五街镇征集。浅白色麻布火草布地。上衣为直领、右衽、布纽。领、衽边及下幅边以黑蓝色、天蓝色布镶拼为饰。此类麻布火草衣在 20 世纪 60 年代以前普遍穿戴，现已演变为孝服。

彝族罗罗支系火草衣女服

衣长 64.5 厘米，袖通长 126 厘米；围腰长 31.5 厘米，宽 62 厘米；裤长 87 厘米，裤腰宽 39 厘米，裤脚宽 30 厘米。1995 年南华县五街镇征集。浅黄白色麻布火草布地。上衣为直领、右衽。领围、托肩、衣襟及袖皆以红、黑、蓝、粉红、白等色花边和条布拼镶。围腰左、右及下幅镶拼金黄色花边，上端两侧缝蓝色布条以作系带。裤腰宽大。该类女服在 20 世纪 60 年代以前普遍穿戴，现已演变为孝服。

彝族罗罗支系女服

上衣长78厘米，袖通长
133厘米，裤长96厘米，裤
脚宽29厘米，围腰长50厘
米，宽69厘米。20世纪90
年南华县兔街乡征集。衣为
玫瑰红，绸缎布地，翻领，
右衽。袖口用黑布镶边。坎
肩为黑布地，对襟，翻领，
布纽扣银扣，领为白布地花
布。围腰为黑布地，上端镶

拼一道白布边，边沿用蓝布
镶拼有3道花边，内侧为盘
绦纹，中间为菱形纹，外沿
用花布带框边。裤为蓝布地
长裤，脚边用黑布带镶边并
拼接2道花布带装饰。与之
相配的是银泡帽，帽上镶满
银花泡，间钉有塑珠璎珞串，
帽系带上绣有菱形纹、花卉
纹，并缀有塑珠璎珞串。

彝族罗罗支系女服

银泡巾横40厘米，纵14厘米，衣长91厘米，袖通长133厘米，坎肩长56厘米，围腰长43厘米，裤长93厘米。20世纪90年代征集于南华县马街镇。银泡方巾黑布地，上面镶钉银花泡，呈梯形，中心镶一颗嵌红塑珠银花泡，上沿钉3个錾花银鱼饰，系带尾部镶贴黑布花边，上面绣花卉纹饰，间有毛线璎珞点缀。另一头巾黑布地，三角形，上面结绣有石榴、蝴蝶、花卉等纹饰。衣为蓝布地，立领，右衽，布纽扣，领口以绿布镶滚，托肩、衣襟镶3道花布为饰，袖管镶4道花布边。坎肩为黑布地，立领，对襟，布纽银扣，领为红布地，蓝布裹边，上面钉8个图形錾花银扣饰，领口钉圆形錾花银扣。围腰黑布地，绿布带镶边，中间镶贴一道粉色藤条纹和彩布花边。裤为白布地，裤脚边镶3道彩布为饰。整套服饰素雅简洁，以帽饰最有特点，为中老年装。

绣花兜肚（民国）

通高54厘米，腰幅宽38厘米。20世纪80年代南华县征集。靛青色棉布地。兜肚头上平绣花卉纹、羊角纹，两侧用绿布条贴"回形纹"，兜上中部绣红色团花，周围绣缠枝牡丹纹。

绣花兜肚（民国）

通高38厘米，腰幅宽35厘米。20世纪80年代南华县征集。红缎布地，以黑布地镶边和做兜，兜上绣满缠枝花卉纹，腰侧有2条靛青棉布地系带，带挑绣，有白色八角纹、须线纹等。

绣花兜肚

通高53厘米，腰幅宽30厘米。20世纪80年代南华县征集。靛青色棉布缝制。兜肚头上端绣花卉纹和"T"形纹，两侧绣卷云纹，中部为一圆形团花，上面绣花卉纹饰。下幅兜上正中绣一"寿"字。边沿镶绣花卉纹。造型古朴秀雅，纹饰寓意吉祥。

另一块兜肚头上钉一对布纽，中部镶贴蝴蝶纹和羊角纹，两侧贴白布地"卍"字流水纹。兜部中间平绣一朵红色梅花，周围镶贴有卷云纹和"卍"字流水纹两道纹饰，以镶贴工艺为主。色彩搭配秀雅简洁，纹样寓意吉祥。

彝族罗罗支系女服

衣长84厘米，袖通长138厘米，坎肩长60厘米，胸围宽48厘米，裤长93厘米，裤脚宽24厘米。20世纪90年代姚安县马游村征集。衣为蓝布地，立领，右衽，布纽扣，领口钉一圈白塑料扣为饰，袖口翻卷，上面镶3道彩绣布带，绣有变形花卉纹、缠枝花卉纹。坎肩黑布地，圆领，右衽，布纽扣，领口镶钉一圈白塑料扣为饰，襟边、袖口绣一道团花纹，间拼接彩布带为饰。围腰黑布地，边镶2道绣花布带，用五彩丝线绣有大菊花、马樱花，内角隔绣羊角纹、马樱花，边上缀以红色领线。裤为蓝布地。脚边镶有3道彩绣花布带，上面纹样图案与坎肩一致。与之相配的有黑布地包头，上面绣有花卉纹。

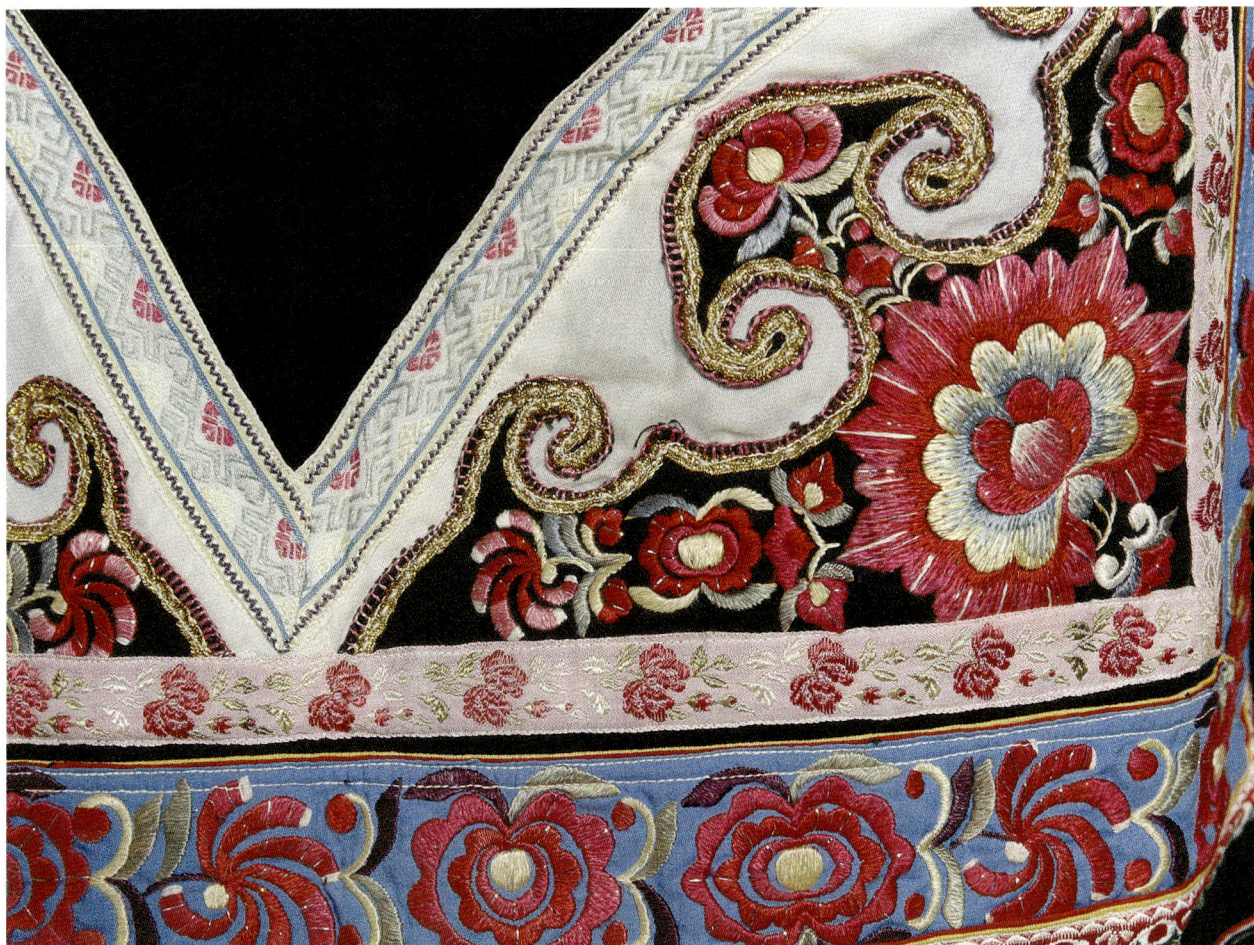

彝族撒尼支系女服

衣长 120 厘米，袖通长 120 厘米，裤长 100 厘米。20 世纪 90 年代路南县征集。衣为红布地，立领，右衽，布纽扣。衣襟镶一道黄布花边，上面用色布拼羊角纹。袖管上镶 2 道黄布带，间以彩带相隔。围腰呈三角形，黄布地，上面绣有牵牛花。裤为红布地，裤脚上镶 2 道彩布带。与之相配的有彩虹帽和背披。帽为圆形，前沿用彩布拼成彩虹状，左侧有三角形突出物，上面彩绣纹饰。背披为墨绿色，系带上镶贴一黄色吉祥纹。

彝族女服

　　衣长80厘米，袖通长135厘米，裤长97厘米，裤脚宽30厘米。20世纪90年代双柏县征集。衣为粉红布地，立领，右衽，布纽扣，托肩与衣襟拼贴黄色布地和绿布地2道花边，间以黑布带相隔，分别绣缠枝花卉纹。袖口镶黄布地缠枝花卉纹花边和白布地花卉纹，间以黑布带相隔。围腰为黑布地，用蓝布带镶边，上部挑绣有变形花卉纹、几何纹、羊角纹、寿字纹，中部绣有一折枝花卉纹和三只蝴蝶。裤为蓝布地，裤管上镶有4道花边。

彝族女服

上衣长 76 厘米，袖通长 130 厘米，坎肩长 64.5 厘米，胸围宽 54 厘米，围腰长 42 厘米，宽 49 厘米，裤长 86.5 厘米，裤脚宽 122.5 厘米。20 世纪 90 年代征集于新平县。衣为淡绿布地，翻领，右衽。衣襟、袖管皆用花布边镶拼为饰。坎肩为黑布地，立领、对襟、镍币扣。围腰黑布地，上部镶钉铝泡装饰，铝泡之间有 4 组绣花纹饰，中部缀一排彩色小绒球，下半部镶拼 3 道花边，绣有四瓣花卉纹、犬齿纹，并在花边上钉铝泡成三角形装饰，系带绣四瓣花卉纹，8 排 4 环扣链紧密相连，以一对錾花铝屏与围腰相接。

彝族尼苏支系女服

袍长 113 厘米，袖通长 111.5 厘米，上衣长 86 厘米，袖通长 139 厘米，裤长 82.5 厘米，裤脚宽 33 厘米。20 世纪 90 年代征集于新平县。袍为蓝布地，立领，右衽，布纽扣。袖口镶一道花布边。衣为蓝布地，立领，右衽，高开衩，托肩和衣襟用黑布镶拼，上面用绿布带滚 4 道线条。袖口黑布地，用绿布带滚 5 道线条。裤为黑布地，脚边镶拼蓝布边。

彝族格苏支系绣花女服

衣长 81 厘米，袖通长 154 厘米；围腰长 30 厘米，宽 55.5 厘米；裤长 95 厘米，腰宽 39 厘米，裤脚宽 31.5 厘米。20 世纪 90 年代初禄丰县高峰乡征集。帽呈蝴蝶状，两侧绣对称花卉图案，以红毛线束缠裹。粉红布底圆领右衽上衣。托肩和衣襟蓝布底上以丝线刺绣两道红、粉红相间且花形较大的马樱花纹，镶饰花边，边沿缀绿色线须。袖头同样刺绣两道马樱花纹。围腰刺绣马樱花纹和四瓣花纹。裤为大红布底，较宽大。银饰物有银屏一对、银链一条、银泡百余枚。

彝族格苏支系绣花蝴蝶帽（局部）

帽高 27 厘米。帽面以丝线刺绣两朵火红的马樱花纹。花瓣间与帽沿边配饰百余枚纯银泡。以红毛线束缠绕。整体呈蝴蝶状。

儿童虎头帽

　　帽高 23 厘米，宽 23 厘米。2000 年姚安县前场镇征集。黑布地，虎头形，用白布镶滚边，帽上绣满折枝莲花。虎头帽是彝族儿童的常戴之物。

绣花帽

　　帽高 15.5 厘米，长 29 厘米。20 世纪 90 年代牟定县腊湾村征集。黑布地，帽上用五彩丝线绣满缠枝花卉，边沿用蓝布带镶滚边。

裹背

　　长69厘米，宽76厘米。20世纪90年代牟定县腊湾村征集。黑布地边，红布地背心。上端用五彩丝线绣缠枝花卉纹，两侧和下端用白线挑绣花卉须线纹。中间角隅分别绣四朵折枝花卉，中心绣团花纹样。

彝族罗罗支系女鞋

　　2000年征集于姚安县大河口乡，黑布地，布底，鞋头有一尖角上翘，为船形鞋。鞋上绣有大菊花等纹饰，间缀以毛线绒球为饰。图案、色彩与衣裤相一致。

彝族女服

衣长 56.5 厘米，坎肩长 80 厘米，围腰长 42 厘米，裤长 94 厘米，裤脚宽 20 厘米。2000 年征集于姚安县大河口乡。衣为蓝布地，立领，右衽，布纽扣。领上钉一圈白色塑料扣为饰，袖口镶三道五彩丝线绣花边，分别绣有大菊花、桃花、山茶花、荷花、马樱花、石榴花。坎肩黑布地，圆领，右衽，领为绿布拼接，上面钉一圈白色塑料扣装饰，襟边、袖口以五彩丝绣平绣有桃花、大菊花、马樱花，并镶贴红、白两道彩条纹。围腰黑布地，方形，以两道彩绣布条镶边成"凹"字形，上面用丝绣平绣莲花纹、马樱花、桃花纹、羊角纹、花卉纹。裤为蓝布地，裤脚边镶 2 道花边，分别绣有莲花纹、回纹。

彝族尼苏支系女服

袍长 105 厘米，袖通长 101 厘米，裤长 87.5 厘米，裤脚宽 30 厘米。20 世纪 90 年代新平县征集。袍为粉红布地，直领，右衽，高开衩，布纽镍币扣。托肩、衣襟、袖管镶 2 道黑布边，衣襟上绣一道缠枝花卉纹，襟边上钉一道铝花泡装饰。裤为黑布地，长裤。配饰有花布腰带和蓝布包头。

彝族俚颇支系女服

　　鸡冠帽高8.5厘米,长25厘米;上衣长67厘米,袖通长137厘米;裤长98厘米,腰宽34厘米,裤脚宽21厘米。20世纪90年代永仁县直苴村征集。黑布底鸡冠帽,帽两侧绣对称花卉图案,镶缀银铝泡、塑纽、骨饰、红毛线束。白布底直领右襟上衣。托肩、衣襟边绣凤鸟纹、花卉纹与藤条纹。袖管绣藤条纹、盘绦纹、犬齿纹、绳纹。黑蓝布底围腰,围腰头以五彩线绣缠枝马樱花纹,下摆两角在黄布底上刺绣折枝马樱花纹。白布底长裤,裤筒上镶拼黑布块、藤条纹与花边,黑布块上绣缠枝菊花纹和璎珞纹。配以镶花挎包。

彝族俚颇支系女服

帽高 19 厘米，帽径 27 厘米，衣长 74 厘米，袖通长 155 厘米，裤长 97.5 厘米，裤脚宽 25 厘米。20 世纪 90 年代征集于永仁县直苴村。帽为黑布地，前后两侧彩绣缠枝杜鹃花，帽前后沿镶钉 2 排白色塑料纽扣装饰，帽顶钉一排红色毛线绒球。衣为蓝布地，立领，右衽，布纽扣，托肩、衣襟、袖管绣犬齿纹、缠枝花卉纹、藤条纹。围腰黑布地，上部绣缠枝花卉，中部镶拼彩布带为饰，下角隅绣折枝花卉，边缀红色彩须。裤黑布地，裤管绣藤条纹、寿字花卉纹、缠枝花卉纹、灯笼纹。

绣花腰带

长120厘米，宽23厘米。20世纪80年代征集于永仁县直苴村。蓝布地，中间空心，带头呈三角形，上面拼贴黑布地花边，绣有犬齿纹、铜钱纹。系时花边自然垂于臀部，与衣裤纹样相互映衬，颇具特色，从另一方面讲，也是彝族先民"衣着尾"习俗的遗留。

麻线包

长26厘米，宽41厘米。20世纪90年代征集于永仁县直苴村。浅黄色，用麻线打结编织，内镶一层白布，边沿结麻线须。

永仁县直苴村彝族俚颇支系绣花挎包

彝族俚颇支系女服

帽高16厘米，衣长77厘米，围腰长49厘米，宽46厘米，裤长92厘米。20世纪80年代征集于永仁县直苴村。帽为黑布地鸡冠帽，前后片均以五彩丝线辫绣荷花纹、枝叶纹，前后沿钉2排白色塑扣装饰，顶端镶红色毛线绒球和8串红色塑珠串。衣为黑布地，立领，右衽，高衩。托肩、衣襟、袖管彩绣缠枝莲花纹、犬齿纹、绳纹，间以彩布带相隔。围腰上部和飘带上绣缠枝花卉纹，中部和边沿以彩色花边相拼，边缀黄色须线。裤为黑布地，裤管上绣藤条纹、人形舞蹈纹、马樱花纹、灯笼纹。

踏歌是彝族地区最常见的舞蹈形式，每到节庆，男女老少，手携着手，对调唱歌，踏三弦节拍而舞。人形舞蹈纹便是这种歌舞形式最直接的表现。

麂皮包

　　长28厘米，宽29厘米。20世纪80年代永仁县征集。白色翻盖，黑白条纹系带，包盖翻及口沿处串钉蓝色皮带装饰，中心用白色皮带串钉成"心"形图案，上面缀三串塑珠皮须，包侧面钉有多串塑珠皮须。

彝族俚颇支系女服上衣背部托肩装饰纹样

彝族俚颇支系女服

上衣长66厘米，袖通长135厘米，裤长98厘米，腰宽41厘米，裤脚宽26厘米；围腰长48厘米，宽54厘米。20世纪80年代元谋县姜驿乡征集。帽呈鱼尾状，帽面刺绣花卉纹，配饰红线团和线绒，左右两侧垂缀黑线束，前帽沿嵌钉2排铝泡。黑布底直领右衽上衣。领嵌铝泡与银质圆形领扣。托肩、衣襟镶拼色布块、布条、藤条纹、花边，边沿缀饰红线须。袖口拼接五色布条和色布块。围腰呈梯形，整体挑绣成大三角状，下沿挑绣四瓣菱角纹和人形舞蹈纹，内填绣石榴花纹，以三角形铝泡纹和缠枝花卉纹配饰。其上端嵌钉银屏一对，以双环结银链系于项。蓝布底长裤，裤脚边镶拼浅蓝、黑布条及花边，膝部外侧用白线挑绣凤纹。

滇东南
THE SOUTHEAST OF YUNNAN PROVINCE

彝族尼苏支系女服

衣长100厘米，袖通长140厘米，坎肩长60厘米，胸围宽36厘米，裤长90厘米，裤脚宽28厘米。20世纪90年代石屏县哨冲乡征集。上衣绿布地，立领，右衽，高开衩，肩为红布地，上面对称镶贴黑布地火纹，以黑丝线锁边，火纹上钉圆形铝泡，拼成三角形，袖为黑布地，袖管上镶2道花边，分别绣缠枝花卉纹和犬齿纹。袖口处有一红布地三角形绣片，绣有花卉纹。后衣襟拼贴8道花边，有火纹、四瓣花纹、犬齿纹、点线方形纹等。褂为黑布地，对襟，布纽镍币扣，托肩挑太阳花和3道点线方形纹，领口处镶4排铝泡，襟边及襟面皆绣一组花卉纹，用白线挑点线方块纹作框。与之相配的还有绣花头帕，绣花腰带、裤和绣花兜肚。针脚细密，色彩鲜艳，以火纹和挑花工艺最具特色，为姑娘盛装。

彝族阿哲支系女服

衣长 61 厘米，袖通长 133 厘米，围腰长 48 厘米，宽 50 厘米。20 世纪 90 年代征集于弥勒县东山乡。衣为蓝布地，立领，右衽，布纽扣。领为红布地，上面镶银泡成"卍"流水纹，托肩镶一道黑布地花边，绣缠枝花卉纹，衣襟镶一道黑布地花边，上面绣缠枝花卉纹，间以银泡钉成方格纹装饰，袖口绣 2 道花边。围腰黑布地，上面钉一对錾花银屏，系双环链，链上有银须、银铃、蝴蝶等装饰物，上部彩绣 3 道花边并镶钉银泡装饰，中部绣贴三组如意纹。帽呈三角形，上面以彩绣纹样和银泡装饰，银泡镶钉成三角形与纹饰图案相映成趣。

彝族女服

衣长 95 厘米，袖通长 134.5 厘米，坎肩长 61 厘米，宽 54 厘米，裤长 92.5 厘米，裤脚宽 25.4 厘米，围腰长 75 厘米，宽 71 厘米。20 世纪 90 年代弥勒县征集。衣为紫红平绒布地，立领，右衽，布纽扣。袖管镶 3 道黑布带，间以蓝布条相隔。坎肩黑布地，鸡心领，对襟，领口钉一花瓣形錾花银牌扣，领边及牌扣部皆镶饰小银泡，呈"T"形图案。襟边无纽扣，两襟面和袖笼皆以花边、色布作镶饰。围腰蓝色布地滚黑布边，围腰头白布地，彩绣有蝴蝶、鸟、花卉纹。中部镶黄布带，两侧贴彩布带和黑布带，内侧镶一道花布边。裤为黑布地，裤管上镶一道白布，上面挑绣有羊角纹、水波纹、花卉纹。头饰有银冠和银泡帽。银冠其面镂空，并有錾花，主要纹饰有屋宇、花卉、枝叶、乳钉纹。帽前沿呈鸟嘴状，后呈鱼尾状，顶端、前沿镶钉小银泡成"T"形连绵图案。后部用小银泡镶钉成"福禄寿禧"汉字，间拼银泡呈三角形点缀。整套服饰款式古朴，装饰隽秀。

彝族女服

衣长 65 厘米，袖通长 128 厘米，围腰长 45 厘米，宽 50 厘米，裤长 91 厘米，裤脚宽 34 厘米。20 世纪 90 年代弥勒县征集。衣为黑布地，立领，右衽。环肩和衣襟镶 2 道蓝布带，间以红、白彩条相隔，手袖镶 4 道花布边。围腰为黑布地，上部镶拼蓝布带 3 道，间绣犬齿纹相隔。

彝族阿哲支系女服

衣长 62.5 厘米，袖通长 137 厘米，裤长 92.5 厘米，裤脚宽 21 厘米，围腰长 46 厘米，宽 60.5 厘米。20 世纪 90 年代弥勒县征集。衣为白布地，立领，右衽。衣领镶满铝泡为饰，托肩、衣襟镶黑布地花边，上面绣一道缠枝花卉纹，间镶钉铝泡成方格装饰，袖口镶 2 道花边，分别绣变形花卉纹、缠枝花卉纹。围腰为蓝布地，上部绣缠枝花卉纹、变形花卉纹、如意纹，纹饰上以铝泡点缀。头饰为一铝泡勒子和三角形状帽，勒子上钉满铝泡，中间为一角状料珠帽，上绣满花卉纹，间镶钉铝泡装饰。

彝族女服

袍长135厘米，袖通长135厘米；裤长82厘米，腰宽47厘米，裤脚宽27厘米。20世纪90年代绿春县征集。袍为藏青布地，立领，右衽，高开衩。托肩镶红布地花边，上面用蓝、绿、彩布镶嵌龙凤纹、寿字纹、火纹，衣襟、领上绣凤鸟纹、缠枝花卉纹。袖为红布地，袖管上镶有火纹，袖口镶一道藏青色布边。配饰有一铝泡帽和一双绣花鞋。

彝族女服

衣长60厘米，袖通长140厘米，裤长105厘米，裤脚宽25厘米，坎肩长60厘米，胸围宽53厘米。20世纪90年代绿春县征集。衣为红布地，翻领，右衽，布纽扣，托肩和袖口镶拼彩布带装饰。坎肩为黑布地，圆领、布纽镍扣，托肩镶红布带为饰，间以彩布带相隔。裤为黑布地，裤脚边镶接2道蓝布边。头饰为黑布地包头帽，边沿挑绣有八角纹、三角纹，顶部缀一串镶满镍币的彩带，边沿有五彩须线。

彝族撒尼支系女服

上衣长107厘米，袖通长131厘米，裤长80厘米，裤脚宽41厘米，围腰长44厘米，宽31厘米。20世纪90年代丘北县普者黑征集。衣为立领，右开襟。衣领、衣襟用红彩布花边装饰，肩背为白布地拼接，手袖为黑布地，袖口镶2道花边。围腰为条纹状麻布缝制，用蓝花布镶边。裤为黑布地裤，无纹饰。配饰有黑布地包头布和绣花包，包头边沿有一圈红色挑绣八角纹饰。

121

彝族腊鲁颇支系女服

衣长 70 厘米，袖通长 123 厘米，裤长 88 厘米，裤脚宽 21
厘米，围腰长 46 厘米，宽 26 厘米。20 世纪 90 年代征集于开
远市碑格乡。衣为翻领，对襟，用彩布拼接。肩部、襟部钉铝
泡成三角形装饰。围腰为黑布地，上面用 3 道红色花边拼接。
裤为白布地，裤管上镶拼 6 道花边。帽为红布地，上面镶钉铝
泡成三角形图案，边沿缀红色毛线璎珞。

彝族女装

　　袍长 98 厘米,袖通长 83 厘米,坎肩长 50 厘米,胸围宽 38 厘米。20 世纪 90 年代征集于元阳县。衣为蓝布地,圆领,右衽,高开衩。坎肩黑条绒布地,圆领,右衽,领口镶一圈银泡,衣襟上镶钉满铝花泡,边上钉一道镍币。腰带头呈三角形,以白色毛线结绣成三角形图案,中心绣蝴蝶、羊角纹。系时两片垂于臀部,她们称其为尾巴,为彝族先民"衣饰尾"习俗的延续。

彝族卜拉支系女服

衣长 80 厘米，袖通长 138 厘米，坎肩长 62 厘米，宽 46 厘米，裤长 88 厘米，裤脚宽 48 厘米。2000 年征集于蒙自县。上衣为黑绒布地，直领，右衽，托肩和襟边挑绣变形花卉纹和荷花纹，间以彩布带和花边相隔，袖镶四道挑绣变形花卉纹。坎肩为黑布地，立领，对襟，无扣，襟、肩、袖口均挑绣变形花卉图案。围腰为绿布地，上面挑绣 3 道变形花卉纹布带拼接成"凹"形。裤为绿布地，裤脚边上镶 2 道花边，间以红、黑彩带相隔，上面分别挑绣有变形花卉纹和八角纹。配饰有红绒线帽和绣花鞋。为姑娘盛装。

彝族花倮支系女服

衣长 63 厘米，袖通长 131 厘米，裙长 97 厘米，腰宽 50 厘米。20 世纪 90 年代征集于麻栗坡县新寨乡。蓝布地，圆领，对襟，布纽铜扣上衣，两侧开衩。托肩、两襟用织锦和花边相拼，袖口及衣摆用花边和蜡染星点纹布带拼边。长裙以花边、织绵及花布拼接成四行三角形纹，摆沿以蜡染星点纹、织锦、布带和色布滚边。头巾为黑棉布地方巾。整套服饰古朴典雅、端庄大方，仅见于麻栗坡县。

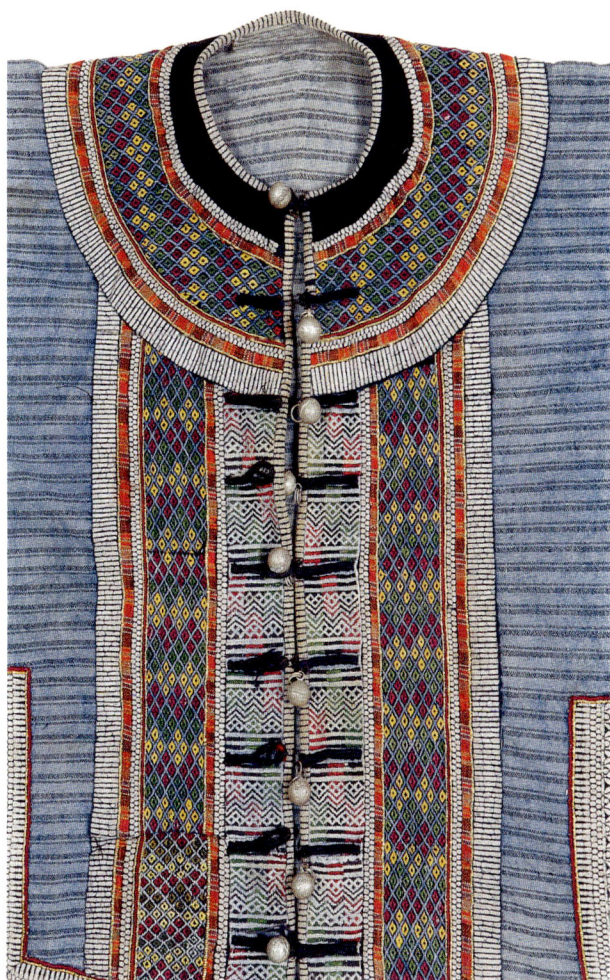

彝族花倮支系男服

衣长 77 厘米，袖通长 148 厘米。20 世纪 90 年代征集于麻栗坡县新寨乡。蜡染纹地，圆领，对襟，布纽铝扣，3 件套装。最内一件蓝纹布条纹底黑布滚领边，两襟钉 7 行纽扣，中间一件为蓝布地，两襟拼镶织格花布条，最外一件满饰蜡染团花纹，袖子为套袖，共 3 层叠套，袖口滚黑布，袖管饰铜钱纹及三角纹等纹样，衣摆呈燕尾形。与之相配者还有织方格纹头巾、蓝布地绣水波纹腰带及长裤。为结婚时女方赠给男方的信物，由女方亲自染制，多在节庆日和重要场合穿。

彝族普拉支系女服

衣长58厘米，袖通长
125厘米，围腰长36厘米，
宽62.5厘米，裤长92厘米。
20世纪90年代砚山县干河
乡征集。衣为天蓝色布地，
立领，右衽，开衩，布纽扣。
领为白布地，上面挑绣菱形
图案，衣襟用白布和条纹布
拼接。手袖黄布地，袖口用
红布镶边。围腰黑布地，中
心在如意图中平绣山茶花。
裤为黑布地，裤管中部镶拼2
道蓝布地布。头饰为长条形
巾状，上面镶钉铝泡成三角
形图案，间以彩虹纹相隔，
边沿缀彩色毛线璎珞。

彝族普拉支系女服

衣长101厘米,袖通长134厘米;坎肩长84厘米,宽60厘米,裤长98厘米,腰宽40厘米,裤脚宽30厘米,围腰长66厘米,宽48厘米。1995年丘北县树皮乡征集。红布底帽上用五彩料珠嵌成色块相间的几何纹,下沿钉嵌一组海贝。脖带面钉白色纽扣,帽两侧缀料珠串,上缀海贝及缨穗。坎肩为白麻布底,直领,对襟,正面以五彩丝线挑绣八角菱纹及变形花卉纹,后襟挑绣同样纹样,与前襟对称。蓝布底直领右衽上衣,袖镶饰花边及紫、黑等布块。腰带满绣几何纹和方块纹。围腰由3片镶拼而成,以黑条布和蓝条布作隔,正中挑绣八角菱纹,左右挑绣变形花卉纹。黑布底宽裆裤,小腿部与裤脚边镶拼花边。白布底绣花挎包,缀料珠缨穗串。

彝族尼苏支系女服

　　袍长116厘米,袖通长138
厘米,裤长92.5厘米,裤脚宽
33厘米。2000年征集于墨江
县。袍为蓝布地,圆领,右衽,
高开衩。托肩镶一道黑布地
花边,用犬齿纹框边,中间绣
缠枝花卉纹,衣襟镶一道红布
带,上面用铝泡拼成三角形图
案。腰带黑布地,带头用五彩
丝线绣花卉纹,边沿缀红色缨
线。裤为黑布地,裤管上镶3
道彩布花边。为当地中老年
彝族妇女装。

滇东北

THE NORTHEAST OF YUNNAN PROVINCE

彝族男服

袍长142.5厘米,袖通长130厘米,上衣长69.5厘米,袖通长132厘米,裤长95厘米,裤脚宽44厘米,坎肩长66.5厘米,胸围宽54.5厘米。20世纪90年代寻甸县六哨乡征集。袍为麻布地,立领,右衽,高开衩。衣为黑羊毛质地,立领,对襟。坎肩为白羊毛质地,圆领,对襟,襟边、袖口、衣脚边用黑布镶一道边,上面彩绣星点纹。裤为白麻布地长裤。配饰有黑布包头,上面绣有星点纹和彩虹纹。还有一黑布地包,正面绣有星点纹、八角纹、边上缀有黄色须线和粉红色须线。

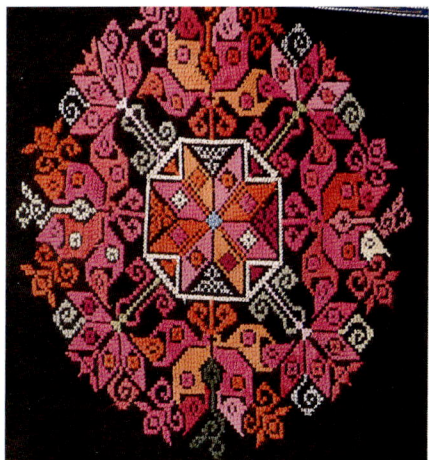

彝族女服

　　衣长 80 厘米，袖通长 125 厘米，裤长 93 厘米，裤脚宽 25 厘米。20 世纪 90 年代寻甸县征集。衣为蓝布地，圆领，右衽，布纽扣。托肩、衣襟镶一道黑布地绣花带和一道花布边，黑布带上刺绣有缠枝花卉纹。袖管拼接一道花边和一道黑布带，花边上绣有蝴蝶纹、星点纹。围腰黑布地，以靛青色布拼边，上端挑绣有花篮纹、八角纹，中部挑绣有一团花，有菊花、八角纹、玫瑰纹等，下部挑绣有凤鸟纹、吊子花。裤为藏青布地，裤管上镶拼 2 道花布边，并挑绣有藤条纹、花草纹、吊子花。

彝族女服

衣长73厘米，袖通长130厘米，裤长101厘米，裤脚宽30厘米，围腰长63厘米，宽59厘米。20世纪90年代寻甸县征集。衣为藏青布地，立领、右衽、布纽扣、托肩、衣襟、袖口镶拼黑布地和紫色布地两道边，黑布带中部绣一道缠枝花卉纹。

围腰为黑布地，上端挑绣石榴纹、蝴蝶花卉纹、鱼纹，中部镶绣绿布地花边，上面绣喜鹊、梅花纹，下端挑绣玫红色星点纹、玫瑰纹、吊子花。裤为黑布地，裤管中部挑绣白色石榴花卉纹，脚边上挑绣菱形纹、吊子花。

彝族贯头衣女服

上衣长 57 厘米，袖通长 138 厘米；坎肩长 61 厘米，宽 67 厘米；贯头衣长 138 厘米，袖通长 90 厘米，筒裙长 96 厘米，宽 83 厘米。20 世纪 90 年代寻甸县六哨乡征集。黑布底包头，挑绣犬齿纹、几何纹。蓝布底圆领对襟上衣，袖由三道绸布拼接而成。黑羊毛布底圆领对襟坎肩。白布底方领贯头衣，由长 2.3 米、宽 1 米的白布中部剪方口洞而成，前短后长，前胸以红、黑、蓝、绿彩线绣方框纹，后背以五色彩线绣方框纹、犬齿线、三角形纹。裙呈筒状，由白布、色布条、百褶蓝布镶拼而成。腰带为以红色为主的色布带。挎包图案精致，挑绣八角纹和"卍"字符纹。

彝族女服

　　衣长 71 厘米，袖通长
121 厘米，领褂长 75 厘米，
宽 62 厘米，裙长 90 厘米，
腰宽 64 厘米。20 世纪 90 年
代东川阿旺乡征集。衣为黑
羊毛质地，翻领，对襟，衣
襟对称镶一道蓝布边。坎肩
黑羊毛质地，和尚领、领口
饰彩虹纹布带，襟边以黑布
镶边，袖口及衣边用蓝布滚
边。裙为乳白色羊毛质地，
中间部位用彩带拼接成彩虹
纹，下摆为百褶状。头饰为
黑布包头。

彝族纳苏支系女装

衣长 78.5 厘米，袖通长 126 厘米，裤长 99 厘米，裤脚宽 33 厘米，围腰长 47.5 厘米，宽 57.5 厘米。20 世纪 90 年代东川舍块乡征集。衣为藏青布地，立领，右衽，布纽扣。托肩和衣襟镶一道黑布地花边，上面绣凤鸟纹、花卉纹，外拼一道花布带为饰。袖口镶一道花布带和一道黑布地花边，上面绣有花卉纹。围腰为黑布地，上钉有一对錾花花蓝银屏，系一条双环结银链。上部镶拼羊角纹，中部绣马樱花纹、蝴蝶纹。裤为黑布地，脚边上绣有花卉纹、麦穗纹。配饰有红毛线帽、帽上用绿、黄毛线织成 3 朵团花为饰。

彝族青年女服

上衣长 58 厘米，袖通长 146 厘米；坎肩长 58 厘米，宽 55 厘米；裙长 95 厘米，宽 61 厘米。1995 年东川法者乡征集。黑布底包头，缀饰贝壳、塑珠串。白麻布底直领对襟布纽上衣。领镶拼蓝、红、黄、黑、白、粉等诸色布条，托肩及衣襟镶拼黑、蓝布块和搭配蓝、红、黄、黑窄布条。左右下沿开衩，衩沿同样镶饰布条。袖由九道色布拼接而成。白麻布底对襟坎肩，托肩、衣襟、袖笼以及后襟下幅均用黑、蓝布块及五色窄布条镶饰，后背中部挑绣花卉纹、蕨枝纹。白麻布底筒裙，中段由黑布和五色布块拼镶而成，下摆缀饰黄、红、粉、绿、黑等色布条。

彝族男服

　　衣长 96 厘米，宽 146 厘米，坎肩长 74 厘米，宽 56厘米，裤长 88 厘米，裤脚宽37 厘米。20 世纪 90 年代征集于东川阿旺乡。衣为黑布地，立领，右衽。衣领镶彩虹纹花边。坎肩为黑布地，和尚领，领以蓝布带镶边，袖口滚天蓝色布边。围腰为白麻布地，方形，边镶天蓝色布边。

彝族女服

衣长 121 厘米，袖通长 130 厘米，围腰长 56 厘米，宽 59 厘米；裤长 88 厘米，腰宽 41 厘米，裤脚宽 22 厘米。20 世纪 90 年代曲靖市征集。头帕以白布为底，尽端挑绣 3 组纹饰，主要有内四瓣外八瓣花纹、"卍"字符纹、蕨枝纹等，边缀粉红线须。上衣为蓝布底，直领，右衽。托肩和衣襟皆绣缠枝四瓣花纹、五瓣花纹、山茶花纹和山菊花纹，下沿镶饰花边。袖管绣四瓣花、山茶花及镶配花边、布条。围腰以蓝布为底，下幅及两边皆绣缠枝团花纹，上沿绣变形双龙牡丹纹，中部边框镶拼粉红色花边，中部挑绣铜钱纹及八瓣花纹。飘带挑绣十字纹、八角纹、四方八角纹、十六瓣花纹，底缀璎珞。裤以黑布为底，镶饰花边及布条。

彝族女服

　　上衣长 59 厘米,袖通长 131 厘米;裙长 72 厘米,腰宽 78.5 厘米;围腰长 61 厘米,宽 54.5 厘米。20 世纪 90 年代罗平县征集。帽较具特色,帽面装饰大红毛线团和毛线须。蓝布底直领右衽布纽上衣。托肩、衣襟边镶拼黑布条、花边,黑布条上以红、黄绣线挑绣八瓣团花纹和六瓣变形花卉纹。袖管拼镶黑布条与花边,黑布条上挑绣变形花卉纹和盘绦纹。围腰长及膝,整个围腰以挑花方式满绣四瓣或八瓣花卉纹。腰带以同样方式满绣十字花纹与变形花卉纹,尾端缀饰料珠镍币红线束坠。百褶裙以白线挑绣璎珞纹。

彝族女服

衣长 59 厘米，袖通长 126 厘米，围腰长 61 厘米，宽 52 厘米，裙衣 69 厘米。20 世纪 90 年代曲靖市征集。衣为白麻布条纹布地，立领，右衽，布纽扣。衣托肩和衣襟镶有 2 道黑布地花边，上面分别挑绣团花纹、盘绦纹。肩部挑绣有花卉纹，袖镶 2 道黑布地花边，中间挑绣花卉纹、蝴蝶纹、盘绦纹。围腰用黑布镶边，上面绣满红色团花图案和菱形纹，中部挑绣 4 朵盘绦纹，外拼接 2 条格子纹花布带。腰带白布地，上面挑绣满方形纹饰。裙为白、黑 2 色布拼接百褶裙，中部镶一道彩布花边，上面绣有花卉纹和花叶纹。整套服饰以挑绣工艺为主，图案纹样静中有动，为姑娘盛装。

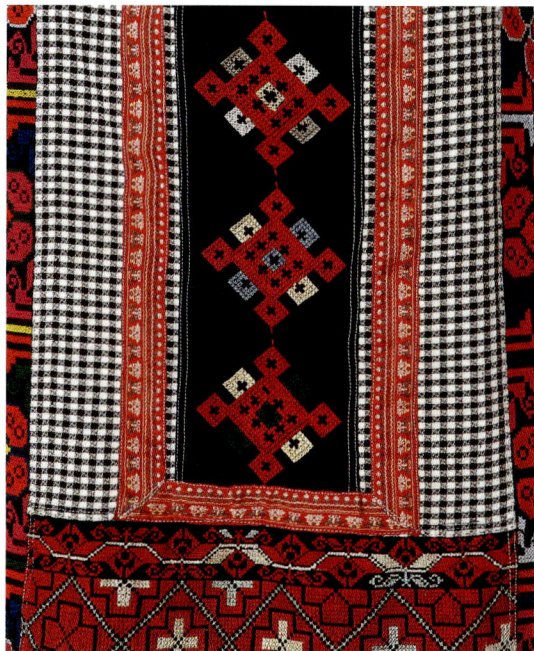

黔西北

THE NORTHWEST OF GUIZHOU PROVINCE

彝族女服

袍长 117 厘米，通长 139 厘米，裤长 105 厘米，裤脚宽 26 厘米，围腰长 69 厘米，宽 83 厘米。20 世纪 90 年代贵州省威宁县征集。袍为黑布地，立领，右衽，布纽扣，高开衩。托肩拼接黑布地绣花带，上面绣满石榴纹、羊角纹，边沿缀五彩线须，衩侧和衣摆上还镶拼 2 道花边，中间为涡纹。裤为黑布地，裤管上挑绣有菱形纹、花卉纹、吊子花、八角纹等。该服饰为仿古女服。

彝族女服

　　袍长112厘米，袖通长
137厘米。20世纪90年代贵
州省威宁县征集。袍为蓝布
地，立领，右衽，布纽扣，
高开衩。托肩、衣襟、衩沿
镶白布地花边，上面以彩布
镶嵌花卉纹。前后摆上还抠
滚有涡纹、铜钱纹。纹饰精美，
颇具特色，为此地独有。这
种涡纹，彝族妇女称它为"罗
博花"，意为月亮。它是远古
彝人用来计算历法的太极八
卦演变图。

彝族女服

　　袍长 121 厘米，袖通长 137 厘米。20 世纪 90 年代贵州省赫章县征集。黑布地，立领，右衽，高开衩。托肩、衣襟镶白布地花瓣纹和粉红布地花卉纹两道花边，间以绿、黄布带相隔，袖口镶花布边。衣摆上抠滚 3 组涡纹。

149

披肩（民国）

　　直径29厘米。20世纪90年代贵州省盘县征集。黑布地，圆领，花瓣形布扣，领口绣一道五彩缠枝菊花纹，以彩色布带滚边。肩上用彩色塑珠串和绣片连成2圈，上面用五彩丝线绣有寿字纹、羊角纹、蜜蜂花卉纹等。刺绣针脚细密，为该地彝族新娘披挂之物。

背披

　　长 40 厘米，宽 50 厘米。20 世纪 90 年代贵州省盘县征集。黑布地，系带和边沿用五彩棉线绣满折枝花，下侧对称绣有 2 只仙鹤。中间用粉红布带隔成区，区格内绣寿字花卉纹、折枝花卉纹。边缀有彩色须线和彩色塑珠串。针脚细密，绣工精美，工整中见活泼，是该背帔的最大特色。

彝族女服

袍长 120 厘米，袖通长 131 厘米，裤长 94 厘米，裤脚宽 34 厘米。20 世纪 90 年代贵州省毕节县征集。袍为黑布地，立领，右衽，布纽扣。领口绿布滚边，中间挑绣一道变形花卉纹。托肩和衣襟镶拼四道纹饰，有缠枝花卉纹、"8"字纹、变形蝴蝶纹、犬齿纹等。袖口镶 3 道纹饰，中间为缠枝花卉纹，两边挑绣有蝴蝶纹、变形花卉纹。衩边和下摆边用绿布带镶拼，上面绣一道"8"字纹。衣后衩侧和下摆挑绣有 3 道纹饰，有八角纹、缠枝花卉纹、变形花卉纹、白色涡纹等。色彩对比强烈，风格独特。

彝族女服

　　袍长 126 厘米，袖通长 137 厘米；裤长 92 厘米，裤脚宽 131 厘米，围腰长 70 厘米，宽 58 厘米。20 世纪 90 年代贵州省威宁县征集。袍为蓝布地，立领，右衽，布纽扣，高开衩。托肩和衣襟镶拼 4 道花边，绣有缠枝花卉纹、藤条纹、变形花卉纹等，袖口镶 4 道花边，绣有几何纹、花卉纹、"8"字纹，衩边和衣下摆绣有八角纹、花卉纹、几何纹、涡纹。与之相配的通常有黑布地包头、围腰和绣花鞋。

图书在版编目（CIP）数据

中国彝族服饰／钟仕民，周文林主编 .—修订本—昆明：云南美术出版社，2008.12
ISBN 978-7-80695-798-1

Ⅰ.中… Ⅱ.①钟…②周… Ⅲ.彝族—服饰—中国—图集 Ⅳ.TS941.742.817-64

中国版本图书馆 CIP 数据核字（2008）第 207769 号

责任编辑：尹 杰 诸 芳 王曦云
整体设计：王曦云

中国彝族服饰（修订本）

钟仕民 周文林 主编

出版发行	云南出版集团公司 云南美术出版社 （昆明市环城西路 609 号） 晨 光 出 版 社
制 版	昆明雅昌图文信息技术有限公司
印 刷	昆明富新春彩色印务有限公司
开 本	889×1194 1/16
印 张	10
版 次	2008 年 12 月第 1 版
印 次	2009 年 1 月第 1 次
书 号	ISBN 978-7-80695-798-1
定 价	160.00 元